세계 물리학 필독서 30

세계 물리학 필독서 30

뉴턴부터 오펜하이머까지,
세계를 뒤흔든 물리학자들의 명저 30권을 한 권에

$$H = t + v = \frac{p^2}{2m} + v(x, y, z)$$

$$E = mc^2$$

이종필 지음

센시오

서문

우리 시대에 반드시 읽어야 할 물리학 고전들을 추천하며

지난 2016년 건국대학교에 교양대학이 처음 생길 때, 나는 물리학 전공자로서 교양대학에 부임하게 되었다. 학생들에게 교양으로서 과학을 어떻게 가르쳐야 할 것인지는 그 뒤로 나의 큰 관심사가 되었다. 최근에는 인공지능 기술이 크게 발전하면서 대학에서 학생들에게 '과연 무엇을 어떻게 가르쳐야 하나?' 하는 고민이 더 깊어질 수밖에 없었다.

그러나 시대가 변하고 상황이 바뀌어도 가장 기본적인 출발점은 언제나 '고전 명작'일 수밖에 없다는 결론에 이르곤 했다. 내가 원하는 대로 교과과정을 구성할 수는 없었지만, 나중에 무엇을 하더라도 그 모든 시작점은 결국 대학생들이 꼭 읽어야 할 책을 선정하는 일일 수밖에 없었다. 좋은 책을 선정하고 책을 읽는 길잡이 안내서를 만들고 나면 그다음부터는 다양한 분야로 계속 뻗어나갈 수 있다. 책을 중심으로 관련된 주제들의 그물망을 만들고 이를 웹이나 앱에서 디지털로 구현하면 자연스럽게 학문의 지형도가 구축되고, 학생들이 자발적으로 관심 주제를 폭넓게 학습할 수 있는 플랫폼이 형성된다. 여기에 인공지능 기술을 결합하면 학생에게 필요한 최적의 정보를 다양한 형태로 손쉽고 빠르게 제공할 수 있게 되는 것이다.

오래전부터 이런 고민들을 해왔기 때문에 센시오에서 물리 분야 필독서를 선정해 소개하는 책을 만들자고 제안했을 때 쉽게 거절하기 어려웠다. 이 작업은 내가 꼭 해야만 하는, 오래된 숙제로 느껴졌다. 언젠가 나중에 앞서 말했던 '과업'을 실행에 옮긴다면 바로 이 책을 출발점으로 삼을 수 있게 하자, 그런 마음으로 원고를 쓰기 시작했다.

과학의 원초성을 담은 고전 명작

나의 이런 기획 의도는 필독서 30권을 선정하는 데에도 영향을 끼쳤다. 가장 중요하게 생각한 선정 기준은 대학 신입생이 학교를 졸업하고 사회에 나가기 전에 한번쯤은 꼭 읽어볼 가치가 있는가 여부였다. 이 기준은 필독서를 선정하는 일반적인 기준과 약간 다를 수도 있다. 과학 분야의 필독서라고 하면 어떤 주제나 인물에 대한 지식을 얻기 위해 꼭 읽어야 할 책으로 기준을 삼을 수도 있다. 그러나 내가 선정한 기준은 특정한 지식을 얻기에 가장 좋은 책이 아니다. 물리학 역사에서 중요한 위치를 점하고 있거나 그런 역할을 했던 사람이 쓴 책을 우선적으로 골랐다. 이것은 한마디로 원초성originality이라고 표현할 수도 있을 것이다.

나의 기준으로 보자면 필독서 목록은 플라톤의 《티마이오스》와 아리스토텔레스의 《자연학》으로 시작하는 것이 자연스럽다. 《티마이오스》는 자연의 대상에 수학적인 구조물을 대응시켜 이해하는 기획의 시작으로, 이런 기획은 현대의 과학자들도 그대로 따라하고 있다. 《자연학》은 서구의 정신세계를 2천 년 동안 지배했던 책으로, 이를 극복하는 과정이 바로 근대과학이 탄생하는 과정이었다. 특정한 과학 지식을 얻고자 한다면 이들의 책은 전혀 도움이 되지 않는다. 그러나 대학생으로서 졸업하기 전에 꼭 읽어봐야 할 책으로는 손색이 없다. 플라톤과 아리스토텔레스의 원전을 대학 때가 아니면 언제 읽어보겠냐는 현실적인 이유도 있지만, 대학교육, 특히 대학의 교양교육에서 가장 중요한 것은 지식 그 자체라기보다 메타지식의 관점에서 지식의 맥락을 관조하는 경험이라고 나는 생각하기 때문이다. 패러다임으로 유명한 토머스 쿤의 《과학혁명의 구조》의 출발점이 《자연학》이었다는 사실은 우연이 아니다.

뉴턴의 《프린키피아》도 비슷한 맥락에서 선정되었다. 《프린키피아》는 복잡한 기하학으로 쓴 책이라 물리학 전공자들도 일일이 모든 것을 따라가면서 읽기가 쉽지 않은 책이다. 그럼에도 이 책을 고른 이유는, 수학을 모르는 인문계열 출신이 책을 따라가면서 그 모든 증명을 다 이해하고 어떤 지식을 얻기를 바라서가 아니다. 그것은 부차적인 문제다. 뉴턴 이래로 인류는 수많은 훌륭한 물리학 교과서를 엄청나게 많이 출간해 왔다. 지식을 얻기 위해서라면 현대의 잘 정리된 교과서가 훨씬 더 도움이 될 것이다. 그러나《프린키피아》는 말 그대로 물리학의 '고전 명작'이다. 그래서 문장 하나하나를 일일이 다 따라가면서 탐독하는 것도 좋지만, 무엇보다 17세기의 과학혁명이 어떤 식으로 이루어졌는지, 수학의 언어로 어떻게 자연을 이해하게 되었는지 일단 '구경'이라도 해볼 만한 가치가 있다는 게 내 생각이다.

대학에 가지 않았거나 이미 졸업한 독자들이라도 대학 신입생의 마음으로 이 책의 목록을 들여다본다면 새로운 독서의 욕구가 생기지 않을까, 나는 그렇게 기대한다. 또한 이 목록만으로도 대략적으로 물리학 발전의 역사를 엿볼 수도 있을 것이다.

다른 한편으로는 나의 이런 기준 때문에 최근 급증하고 있는 국내 저자들의 저서를 아직은 포함하지 못한 것을 아쉽게 생각한다. 세월이 좀 더 흐르면 국내 저작들도 원초성을 갖는 고전의 반열에 충분히 오를 것이라 확신한다. 그런 아쉬움을 달래기 위해 추가로 읽을 만한 추천도서에 국내 저작들을 많이 반영했다.

전문성과 대중성을
둘 다 잡은 저작

여기 선정한 도서의 저자들 중에는 알베르트 아인슈타인, 베르너 하이젠베르크, 에르빈 슈뢰딩거, 리처드 파인만, 스티븐 호킹처럼 이름만 대면 누구나 알 만한, 역사적으로 위대한 과학자들도 많지만 킵 손이나 안톤 차일링거처럼 최근에 노벨상을 수상한 과학자들도 포함돼 있다. 역시 노벨상 수상자인 리언 레더먼과 스티븐 와인버그는 안타깝게도 불과 몇 년 전에 세상을 떠났다.

아직 노벨상을 받지는 않았지만 《링크》의 앨버트 라슬로 바라바시, 《우주의 풍경》의 레너드 서스킨드, 《숨겨진 우주》의 리사 랜들 등은 각자 분야에서 세계적인 일가를 이룬 인물로서 여전히 학계의 프런티어를 개척하고 있다. 이런 분들의 생각과 목소리를 그들이 직접 쓴 저서를 통해 들을 수 있다는 것은 매우 소중한 경험이 될 것이다. 《지동설과 코페르니쿠스》를 쓴 오언 깅그리치는 천문학자이면서 과학사학자로서 천문학사와 관련된 책을 많이 썼으며, 특히 코페르니쿠스 연구에 있어 세계적인 대가다. 코페르니쿠스와 관련된 책을 읽는다면 깅그리치의 저작을 빼기는 어려울 것이다.

《볼츠만의 원자》를 쓴 데이비드 린들리, 《퀀텀스토리》의 짐 배것이나 《우주의 기원 빅뱅》의 사이먼 싱은 물리학자로서의 배경이 있는 작가들이다. 덕분에 이들의 저작은 전문성과 대중성을 동시에 만족시키는 놀라운 성취를 이루었다. 이들의 저작을 선정한 것은 오롯이 전문지식을 정확하면서도 보다 쉽게 이해할 수 있기 때문이었다. 그래서 통상적인 의미의 필독서 선정 기준에 가장 부합하는 저작들이라고 할 수 있다.

제임스 글릭의 《카오스》는 세계적으로 카오스 이론을 대중화시키는 데 크게 공헌한 책이다. 에드워드 돌닉의 《뉴턴의 시계》, 리처드 로즈의 《원자폭탄 만들기》는 해당 주제를 둘러싼 주변 인물들과 사회적인 배경, 시대적인 환경 등을 종합적이고 입체적으로 지면에 '재현'해 놓았다. 과학 대중서라고 하면 보통 특정한 전문지식만 전달하는 경우가 많은데, 상대적으로 시대적인 환경과 역사적인 맥락에 소홀해지기도 한다. 특히 저자가 과학자일 때 더욱 그렇다. 이런 면에서는 과학자들보다 오히려 전문 작가들이 제삼자의 관점에서 보다 폭넓은 시야로 사태를 조망하기에 훨씬 더 유리하다. 이들의 저작은 과학책을 읽는 또 다른 재미를 느끼게 해줄 것이다.

한편 위대한 과학자들의 위인전이나 전기는 되도록 피하려고 했다. 전기를 넣기 시작하면 누구를 포함시키고 누구를 배제할 것인지가 너무 어렵기 때문이다. 그럼에도 단 하나, 카이 버드와 마틴 셔윈의 오펜하이머 전기 《아메리칸 프로메테우스》는 필독서 목록에 포함시켰다. 이는 2023년 헐리웃 대작 영화 〈오펜하이머〉의 흥행과 무관하지 않다. 《아메리칸 프로메테우스》는 이 영화의 원작 격에 해당하는 저작이기도 하다. 오펜하이머는 물리학자라면 누구나 아는 인물이지만 그가 남긴 중요한 족적에 비해 일반 대중들에게 별로 알려지지 않았다. 크리스토퍼 놀란 감독의 〈오펜하이머〉는 이런 분위기를 크게 바꾸어놓았다. 덕분에 대중문화 영역에서도 오펜하이머라는 인물이 누구인지 아는 것이 지식인의 교양처럼 돼버렸다. 《아메리칸 프로메테우스》를 포함시킨 것은 이런 대중의 욕구를 충족시키기 위함이었다. 《원자폭탄 만들기》와 함께 읽는다면 큰 도움이 될 것이다.

과학적 지식의 맥락을 짚는
출발점이 될 수 있도록

이 책에서 제시한 도서들뿐만 아니라 다른 물리학 책들을 읽을 때 명심해야 할 한 가지 사항은 현대물리학의 두 기둥이 '상대성이론'과 '양자역학'이라는 점이다. 아쉽게도 한두 권의 교양 과학책으로 상대성이론이나 양자역학을 제대로 이해하기는 어렵다. 만약 그게 가능하다면 전 세계 모든 물리학과에서 복잡하고 난해한 교과서로 공부하지 않을 것이다. 상대성이론과 양자역학을 정확하게 이해하려면 엄밀한 수학을 이용해서 제대로 배워야 한다. 그래서 교양 과학 도서를 통해 상대성이론과 양자역학을 배우는 데에는 근본적인 한계가 있다는 사실을 명심해야 한다. 다만 그럼에도 현대물리학을 소개하는 책을 쓰는 저자들은 어쩔 수 없이 자기 나름의 필요에 따라 상대성이론과 양자역학을 정리해서 제시하게 마련이다. 여기서 소개하는 도서들도 마찬가지다. 저자들마다 각자의 시선으로 상대성이론과 양자역학을 이해하고 기술하는 방식을 독자들이 비교하면서 읽는 것도 즐거운 일일 것이다.

이 책에서 선택한 목록은 이미 말했듯이 지식 자체를 위한 것이 아니라 지식의 맥락을 짚어주기 위한 것이다. 세부적이고 전문적인 지식으로 다가가기 위한 일종의 출발점인 셈이다. 해당 도서와 관련해서 보다 자세한 지식을 알고 싶은 독자를 위해 그런 목적에 맞는 추천도서들도 소개해 두었다.

또한 각 장들을 최대한 독립적으로 기술해 원하는 추천도서 항목만 골라서 읽더라도 큰 무리가 없게끔 구성했다. 필독서를 소개하는 게 목적이지만 이 책만으로도 해당 저작에서 다루고 있는 중요한 과학적 내용들을 어느 정도 이해할 수 있도록 썼다. 그러다보니 여러 책에 걸쳐 공통으로 다루는 주제는 반복해서 소개하는 경우도 있다. 이 경우에 모든 장에서 세세하게 설명하지는 않고 처음 소개될 때보다 집중적으로 설명하는 방식을 취했다. 따라서 특정한 장의 어떤 개념을 좀 더 자세히 알기 위해 앞부분으로 옮겨가서 읽어야 하는 경우도 더러는 있을 것이다.

독자들에게 한 가지 양해를 구할 점이 있다. 나의 전공이 입자물리학이라 물리학의 많은 다른 분야를 모두 아우르지는 못했다. 이 점이 큰 아쉬움으로 남는다.

끝으로 도서 선정에 큰 도움을 주신 경상국립대학교 이강영 교수님께 감사의 말씀을 전한다.

차례

"신은 언제나
기하학을 하고 있다."

●-ᴡᴠᴠ-●

《티마이오스》

Timaios

플라톤 Platon, BC 427~BC 347

고대 그리스의 철학자. 소크라테스의 제자이자 아리스토텔레스의 스승으로 서양 철학에 큰 영향을 미쳤다. 귀족 출신으로 20세에 소크라테스의 제자가 되었다. 기원전 387년에 철학 중심의 종합학교인 아카데메이아를 세웠다. 이곳에서 플라톤은 폭넓은 주제를 강의했으며, 특히 정치학, 윤리학, 형이상학, 인식론 등 많은 철학적 논점에 관해 저술했다. 《파이돈Phaidon》《크리톤Kriton》《향연Symposion》《국가The Republic》 등 35편의 저서를 남겼는데 《소크라테스의 변명Apology of Socrates》을 제외하면 전부 대화체 형식으로 되어 있어 '대화편'이라 불린다.

19~20세기 영국의 수학자이자 철학자인 앨프리드 화이트헤드 Alfred Whitehead는 "유럽 철학의 전통은 플라톤 철학에 대한 주석에 지나지 않는다."고 말했다. 그만큼 플라톤이 오랜 세월에 걸쳐 서구 사회에 끼친 영향은 막대하다.

다른 설명이 필요 없는 고대 그리스의 위대한 철학자 플라톤의 《티마이오스》는 한마디로 말해 플라톤의 우주론을 설파한 저작이다. 《티마이오스》는 기원전 360년경의 저작으로 플라톤의 후기 대화편에 속한다. 《티마이오스》에서 대화를 나누는 사람은 소크라테스, 크리티아스Kritias, 헤르모크라테스Hermokrates, 그리고 티마이오스다. 《티마이오스》의 대화는 형식적으로 소크라테스가 네 명의 손님들에게 전날 들려주었던 이야기(이것이 《국가》의 대화편이다)에 이어서 그다음 날 진행된다. 전날 소크라테스가 이야기로 '대접'한 것에 대해 다른 손님들이 다음 날 그에 대한 보답을 하는 형식이다. 전날 참여했던 네 명 중 이날 불참한 한 사람이 누군지는 알려지지 않았다.

티마이오스의 입을 빌려
플라톤의 우주론을 말하다

《티마이오스》는 대화자 중 한 명인 티마이오스가 우주의 탄생과 이후의 인간, 그리고 다른 생물들의 탄생에 이르는 여정을 들려주는 형식을 취한다. 즉 플라톤이 티마이오스의 입을 빌려 자신의 우주론을 정리한 책이 《티마이오스》다. 대화를 이끌어가는 티마이오스가 실존했던 인물인지는 확실하지 않다. 대화 속에서는 소크라테스가 "여기 계신 티마이오스 님께서도 가장 훌륭한 법질서를 갖춘 나라로 이탈리아에 있는 로크리스 출신으로서, 그 나라에서 최고의 관직과 명예를 누리셨을 뿐만 아니라,

또한 제 판단으로는 지혜를 사랑하는 모든 활동(철학)에서 정상에 이르셨습니다."(20a)[1]라고 소개하고 있다.

《티마이오스》는 여러 대중과학서나 과학사 저서의 초반부에 단골로 등장한다. 과학, 또는 과학이라는 말 자체가 없던 시절에 자연철학의 연원을 따져 올라가면 결국 만나게 되는 저작이《티마이오스》다. 영국의 철학자 버트런드 러셀Bertrand Russell은 자신의 저서 《서양철학사History of Western Philosophy》에서 "《티마이오스》는 철학으로서는 중요하지 않지만, 역사 속에서 영향을 크게 미쳤기 때문에 자세히 고찰할 필요가 있다."고 적었다. 르네상스 시기 위대한 화가인 라파엘로Raffaello Sanzio가 바티칸의 '라파엘로 방'에 그린 〈아테네 학당Scuola di Atene〉에는 고대 그리스의 위대한 철학자들이 다수 등장하는데, 그 한가운데에 있는 사람이 플라톤과 아리스토텔레스Aristoteles다. 이 작품에서 플라톤이 왼손에 끼고 있는 책이 바로《티마이오스》다.

사실 대중과학서나 과학사 저서의 초반부에 플라톤보다 더 빨리 등장하는 인물이 있다. 바로 철학의 아버지라 불리는 탈레스Thales다. 탈레스는 기원전 7~6세기 인물로, 만물의 근원이 물이라고 주장했던 밀레토스 지역의 철학자였다. 탈레스가 과학사의 첫 머리를 장식하는 이유는 신화와 전설로 세상을 이해하

---

1 이 숫자와 영문표기를 스테파누스 쪽수라 한다.

던 시절에 만물의 근원arche을 따져 물은 인물이기 때문이다. 또한 그가 만물의 근원으로 지목한 물은 지구에서 가장 흔하게 볼 수 있는 자연의 물질이다. 이 때문에 탈레스가 자연철학의 원조 중 하나로 추앙받고 있는 것이다.

플라톤의《티마이오스》도 비슷하다. 신화와 전설이 아닌 수학의 시각으로 우주와 세상 만물을 조망하고 있기 때문에 지금까지 회자되고 있는 것이다.

《티마이오스》, 5개의 장

2000년에 한글로 번역된《티마이오스》(서광사)에는 원전에 없는 목차가 매겨져 있어 독자가 전체적인 내용을 파악하는 데 도움이 된다. 이에 따르면《티마이오스》는 총 5개의 장으로 나눌 수 있다.

'I. 들어가는 대화(17a~27b)'에서는 먼저 소크라테스가 전날 들려주었던 이야기 중 '훌륭한 나라'의 내용을 다시 개괄적으로 정리하면서 시작한다. 이후 소크라테스는 자신이 말했던 나라가 전쟁이나 강화講和의 상황에서 실제로 보여주는 모습을 듣고 싶다고 요구한다. 이에 대한 답변으로 크리티아스가 할아버지에게서 들은 전설 속의 섬 아틀란티스에 관해 들려준다.

'II. 서론: 우주론적 탐구의 성격과 그 범위(27c~29d)'에서는 티마이오스가 우주론 이야기를 시작하면서 논의의 전제조건들을 제시하고 있다. 티마이오스에 따르면 우주는 생성의 시초도 갖지 않고 언제나 있었던 것이 아니라 어떤 시초로부터 생성되었다. 이는 우주가 어떤 것을 본떠서 만든 모상模像임을 뜻한다. 모상은 생성하고 변화하므로 참된 인식이 불가능하다. 티마이오스는 소크라테스에게 이 점에 대해 양해를 구한다.

'III. 지성에 의해 만들어진 것들(29d~47e)'은 "이 우주를 구성한 이가 무슨 까닭으로 창조물과 이 우주를 구성했는지(29d)", 우주는 어떻게 구성돼 있는지, 시간이란 무엇이며 어떻게 '탄생'하는지, 천체들은 어떻게 움직이는지, 인간의 혼은 어떻게 구성되고 신체 구조는 어떻게 만들어지는지, 시각은 어떻게 작용하는지 등을 다루고 있다.

'IV. 필연의 산물들(47e~69a)'에서는 두 가지 기본 삼각형을 도입해 엠페도클레스Empedocles의 4원소, 즉 흙, 물, 불, 공기와의 관계와 이들 사이의 변환 등을 다루고 있다. 티마이오스에 따르면 4원소들은 형태와 깊이를 갖는 물체로서 면의 성질을 갖는 것이 둘러싸고 있다. 그런데 직선 형태의 평면은 삼각형들로 구성돼 있고, 모든 삼각형은 두 가지 삼각형에서 비롯된다. 하나는 직각이등변삼각형이고 다른 하나는 정삼각형을 반으로 나눈 직각삼각형이다. 이렇게 고른 이유는 전자의 경우는 그 형태가 유일하며 후자의 경우는 빗변이 아닌 두 변의 길이가 다른 여러 직각삼각형(직각부등변삼각형)들 중에서 가장 아름답기 때문이다.

이렇게 고른 직각부등변삼각형을 모으면 정삼각형을 만들 수 있고, 정삼각형 넷을 모아 정사면체를, 여덟 개를 모아 정팔면체를, 스무 개를 모아 정이십면체를 만들 수 있다. 한편 직각이등변삼각형으로는 정사각형을 만들 수 있고, 이를 여섯 개 모으면 정육면체를 만들 수 있다.

이렇게 만들어진 입체, 즉 정다면체를 티마이오스는 4원소에 대응시켰다. 먼저 티마이오스는 흙에 정육면체를 부여했다. 그 이유는 "흙은 네 가지 부류 중에서 가장 덜 움직이는 것이며 물체들 중에서 조형성이 가장 높은 것인데, 가장 안정된 면들을 갖는 것이 무엇보다 그런 것으로 되는 게 필연적이기 때문(55e)이다." 정육면체가 가장 안정적인 이유는 그것을 구성하는 직각이등변삼각형이 '본성상' 더 안정된 것이기 때문이라고 설명한다. 이어 불에는 가장 잘 움직이고 가장 작으며 가장 모가 진 것, 즉 정사면체를 할당한다. 물에는 흙을 제외하고 가장 움직이기 힘든 도형, 가장 큰 도형, 가장 덜 모진 도형인 정이십면체를 부여한다. 그리고 공기에는 불과 물의 중간 성질을 지닌 정팔면체를 대응시킨다. 한편 정다면체에는 총 다섯 가지 종류가 있는 것으로 알려져 있었다. 나머지 하나는 한 면이 정오각형인 정십이면체다. 이는 우주에 대응된다.

이어서 티마이오스는 흙과 불이 만나거나 물이 불에 의해, 또는 공기에 의해 쪼개지는 현상을 설명한다. 예컨대 물이 이렇게 쪼개지면 하나의 불 입자와 두 개의 공기 입자가 생겨나고, 공기 입자 하나가 해체되면 두 개의 불 입자가 생긴다고 주장한다 (56d~e). 이는 하나의 정이십면체(물)를 하나의 정사면체(불)와 두 개의 정팔면체(공기)로 나눌 수 있다는 의미다.

플라톤의 이런 견해는 첫째, 4원소를 더 이상 자연의 기본 구성요소로 보지 않고 더 단순하고 근본적인 요소들의 결합으로 보았다는 점에서 현대적인 입자물리학의 환원론적인 접근의 원조라고 할 수 있다. 둘째, 그렇게 기본 삼각형으로 구성된 4원소들이 서로 상호작용을 하는 과정을 설명하는 방식은 분자를 이용해 화학반응을 설명하는 것이나, 소립자들의 결합체로 양성자 충돌 실험을 설명하는 방식과 대단히 유사하다. 이런 까닭에 《티마이오스》는 과학 역사에서 가장 먼저 등장하는 주요 저작 중 하나로 평가받는 것이다.

'V. 지성과 필연의 결합(69a~92c)'에서는 신체 장기들과 조직들, 혈액, 호흡 등과 함께 질병의 원인을 논하고 있다. 여기서도 티마이오스는 예컨대, 뼈와 살 등의 시작을 골수로 지목하고 이를 삼각형의 조합으로 설명한다. 질병의 근원도 4원소로 설명하는데, 지나치거나 보자라거나 제자리에 있지 않은 상태로 이해하고 있다. 요즘도 일부에서는 질병의 원인을 악령이나 영적인 존재로 돌리곤 하는데, 플라톤의 시대처럼 신화와 주술이 횡행하던 시절에 자연과 신체의 기본요소로 질병의 원인을 설명하려 했던 점은 높이 평가해야 한다. 플라톤보다 한 세대 정도 앞서 살았던, 페리클레스Pericles 시대의 위대한 의사였던 히포크라테스Hippocrates는 4체액설(혈액, 점액, 황담즙, 흑담즙)을 제시했다. 히포크라테스는 4체액의 균형이 깨진 상태를 질병으로 보았다.

왜 여전히 플라톤은 유의미한가

《티마이오스》에서 플라톤이 주장하는 우주의 기원이나 4원소의 속성, 인체의 구성과 질병의 근원 등은 현대적인 입장에서 보자면 당연히 이치에 닿지 않는다. 그러나 여기서 중요한 것은 앞서 말했듯이 신화의 시대에 자연의 대상물에 수학적인 구조물을 대응시켜 자연을 이해하기 시작했다는 점이다. 이 기획 자체는 요하네스 케플러Johannes Kepler와 갈릴레오 갈릴레이Galileo Galilei, 아이작 뉴턴Isaac Newton 등 2천 년 뒤 과학혁명을 이끌었던 주역들에게 그대로 이어졌다. 예컨대 케플러는 행성들의 공전궤도에 플라톤의 입체들(5개의 정다면체)을 대응시켜 이해하기도 했다. 물론 그런 시도는 실패했지만 이후로도 과학자들은 계속해서 자연 대상물에 수학을 대응시켜 왔다. 20세기의 물리학자들은 자연을 구성하는 가장 기본 단위로 6개의 쿼크와 6개의 경입자(전자 및 그와 비슷한 성질의 입자들, 그리고 그에 상응하는 중성미자들), 그리고 힘을 매개하는 입자들을 도입했는데 이들은 매우 추상적인 수학적 군group으로 얽혀 있다. 이런 맥락에서 보자면 현대의 과학자들도 여전히 플라톤의 충실한 후예라고 할 수 있다.

　과학책을 즐겨 읽는 사람들 중에 아마 인문 고전을 읽는 사람은 드물 것이다. 플라톤의《티마이오스》와 다음에 소개할 아리스토텔레스의《자연학》을 선정한 이유는 이번 기회에 고전 원전을 한 번이라도 직접 읽어볼 기회를 가져보라고 권하기 위해서다.

　플라톤, 아리스토텔레스, 그리고 다른 여타의 고대 그리스 자연철학자들은 과학과 인문학이 명확하게 분화되기 전, 그 경계에 서서 양자를 통합적으로 사고했던 사람들이다. 이들의 고전을 읽는 것은 어떤 단편적인 지식을 얻기 위함이 아니다. 그 시절의 지식 대부분은 이미 틀리거나 낡은 것으로 판명되었다. 그럼에도 여전히 그들의 고전을 읽어야 하는 이유는 고대의 위대한 지성들의 생각과 기획을 배울 수 있고, 그들의 숨결을 느낄 수 있기 때문이다.

같이 읽으면 좋은 책 《러셀 서양철학사》, 버트런드 러셀, 을유문화사
《플라톤과 유럽의 전통》, 이상인, 이제이북스

서양철학 2천 년을 지배한
대가의 저작

《자연학》[2]

Phusike Akroasis

아리스토텔레스 Aristoteles, BC 384~BC 322
그리스의 스타게이로스에서 태어났다. 부친은 마케도니아 왕국의 궁정 의사였다. 17세에 아테네로 건너가 플라톤의 아카데메이아에 입학한 뒤 20년을 거기서 보냈다. 이후 훗날 대왕이 되는 알렉산드로스 왕자를 가르치기도 했다. 기원전 335년에는 다시 아테네로 돌아와 리케이온이라는 학당을 열었다. 이 시기에 아리스토텔레스는 자신의 저작 대부분을 저술했다. 대표작으로는 《니코마코스 윤리학The Nicomachean Ethics》《형이상학Metaphysics》《시학Peri Poietikes》등이 있다.

아리스토텔레스의 《자연학》은 그리스 원어대로 자연현상에 대한 아리스토텔레스의 강의록이라 할 수 있다. 여기서 물리학을 뜻하는 Physics라는 단어가 유래했다. 아리스토텔레스는 그의

---

2 임두원이 옮긴 《아리스토텔레스의 자연학 읽기》(부크크)를 주로 참고했다.

스승 플라톤과 함께 고대 그리스를 대표하는 대학자다. 서양철학 2천 년이 플라톤 철학의 주석에 불과하다는 말이 있긴 하지만, 서양 사람들의 의식과 세계관을 2천년 동안 지배했던 패러다임은 아리스토텔레스의 세계관이라 해도 틀린 말이 아니다. 아리스토텔레스는 논리학, 윤리학, 정치학, 시학, 수사학, 물리학, 천문학, 생물학 등 다방면에 걸쳐 40여 권의 저서를 남겼다. 오랜 세월에 걸쳐 아리스토텔레스가 서구 사회에 남긴 영향력을 생각할 때, 그를 두고 '모든 학문의 아버지'라 칭한 것은 결코 과장이 아니다. 가령 500종이 넘는 그의 생물 분류는 스웨덴의 생물학자 칼 폰 린네Carl von Linne가 18세기 근대적인 생물 분류법을 제시할 때까지 지속되었다.

아리스토텔레스는 플라톤의 제자였기 때문에 당연히 플라톤의 영향을 받았지만 많은 면에서 플라톤과 다르기도 했다. 플라톤과 아리스토텔레스의 차이점은 라파엘로가 그린 〈아테네 학당〉에도 잘 드러나 있다. 이 그림의 한가운데 나란히 서 있는 플라톤과 아리스토텔레스의 모습은 무척 대조적이다. 플라톤은 왼손에 《티마이오스》를 들고 오른손을 들어 하늘을 가리키고 있다. 그 옆의 아리스토텔레스는 왼손에 《니코마스 윤리학》을 들고 오른손바닥은 땅을 향하고 있다. 이상세계와 이데아를 중시했던 플라톤의 손가락은 하늘을 가리키고 있지만, 감각현실과 경험적 사실, 관찰을 중시했던 아리스토텔레스의 손은 지상계를 가리킨다. 플라톤 철학에서는 이데아Idea가 경험적 대상과 완전히 분리돼 있고 우리 인간은 이데아의 실체를 직접 볼 수 없다. 그러나 아리스토텔레스는 질료hyle/형상eidos 이론을 도입해 현실의 대상을 설명한다. 비록 질료와 형상이 개념적으로 분리돼 있고 한 사물의 본질이자 실체로서의 형상이 플라톤의 이데아처럼 형이상학적 존재이긴 하지만, 실제 경험적 대상 속에서 형상이 구체화되어 존재한다는 점에서 감각현실을 중시하는 아리스토텔레스의 관점을 엿볼 수 있다.

아리스토텔레스의 운동관을 함축하다

아리스토텔레스의 《자연학》은 천체를 포함해 자연에서의 변화나 운동을 다룬 저작이다. 다루는 범위만 놓고 보면 운동의 기본 원리, 시간과 공간, 무한, 천체의 운동, 우주 등 현대 물리학이 다루는 범위와 별반 다르지 않다. 그러나 아리스토텔레스의 시대는 물리학이 독립적인 분과로 분화하기 2천 년 전이었다. 따라서 자연학의 대상에 투사된 아리스토텔레스의 철학적 사유가 논의의 주를 이루기 때문에 현대인들에게 익숙한 물리학적 접근법과는 아주 다르다.

　《자연학》은 총 8권으로 이루어져 있다. 1권에서는 자연에 접근하는 일반적이고 철학적인 기본 원리들과 관련된 논의로 시작한다. 2권에서는 변화와 운동의 근원으로서의 자연, 그리고 변화와 운동의 기본 원리 등을 다룬다. 2권의 3장과 7장에서는 변화를 일으키는 원인을 네 가지로 제시하는 4원인설을 설명한다. '질료인, 형상인, 작용인, 목적인'이 그것이다. 질료인이란 어떤 것이 생겨나오는 원인 요소다. 형상인은 "우리가 그것은 이러하다고 말하는 그것의 정의에 부합하도록 하는 일치성"(본문 96쪽)이다. 작용인은 "변화의 과정이 시작되거나 또는 완료될 때에는 그 과정을 시작하게 만들거나 중단하게 만드는 어떤 것"(본문 97쪽)이다. 예를 들어 은그릇을 만드는 대장장이의 행위가 작용인이다. 마지막으로 목적인은 "그 과정이 그것을 위하여 시작되게 된 바로 그것"(본문 97쪽)이다. 은그릇은 음식을 담기 위한 목적으로 존재한다. 이들 네 원인 중에서 가장 핵심적인 원인은 목적인이다. 1권과 2권은 전체《자연학》의 도입부에 해당한다.

3권에서는《자연학》전체의 핵심 주제인 운동을 본격적으로 논의한다. 먼저 운동과 변화의 개념 관계를 정립하고, 잠재태와 현실태라는 개념을 도입해 잠재태로 존재하는 것의 현실태와 과정으로서 운동을 정의한다. 또한 무한에 대해서도 논의하고 있다. 4권에서는 장소와 진공, 시간을 다룬다. 아리스토텔레스는 모든 운동을 자연적인 운동과 강제적인 운동으로 나눈다. 또한 투사체의 운동을 공기의 접촉에 의한 기동으로 파악해 설명하면서 진공의 존재를 부정한다. 고대 그리스의 철학자 데모크리토스Democritus나 레우키포스Leukippos가 제기한 원자론에서는 원자가 채워져 있지 않은 공간으로서의 진공이라는 개념이 존재한다. 그러나 아리스토텔레스는 진공의 존재를 인정하지 않았다. 시간과 관련해서는 시간의 실재성과 이중성을 논의한다.

5권과 6권에서는 운동이 어떻게 일어나는지를 논한다. 5장에서는 운동의 4가지 종류와 운동과 관련한 대립성을 다룬다. 6권에서는 운동과 관련된 연속성과 그 속에 내재된 무한의 개념을 논의한다.

7권에서는 운동하는 물체와 운동을 야기하는 원인 사이의 관계를 논의한다. 아리스토텔레스의 운동관에서는 운동자와 운동 유발자가 직접 접촉해야 운동이 일어난다. 8권에서는 운동의 영속성을 보장하는 원인으로서의 '부동의 원동자'를 다룬다. 부동의 원동자는 모든 운동의 제1의 원인이다. 이로부터 야기되는 운동은 자연의 가장 기본이 되는 운동이다.

이런 논의를 천체로 발전시켜 쓴 저작이 《천체론De Caelo》이다. 천구의 회전운동은 부동의 원동자로부터 비롯된 운동이다. 천구의 운동은 영속적이며 천구는 완벽한 원운동을 한다. 달 너머의 천상계는 이처럼 완벽한 운동이 구현되는 세상이다. 여기서는 만물이 생성되거나 소멸되지도 않는다. 이들의 운동이 여러 단계로 지상에 전달돼 달 아래 지상계의 변화를 야기하는데, 이 과정에서 운동의 완벽성이 쇠퇴하게 된다. 그 결과 지상계에서는 더 이상 완벽한 운동이 일어나지 않는다. 아리스토텔레스가 제기한 부동의 원동자는 우주의 바깥쪽에 존재하면서 다른 모든 운동의 원인이 되므로 종교적인 절대자를 연상시키기에 충분하다.

아리스토텔레스의 운동관은 목적론적이다. 사물은 자신들만의 고유한 목적을 위해 존재(목적인)한다. 사물의 고유한 목적은 곧 그 사물의 본성에 해당한다. 사물이 그 본성을 따라 목적을 위해 움직이는 운동을 본성적 운동이라 한다. 무거운 흙은 무겁다는 그 본성을 따라 무거움의 중심인 지구로 향하고 가벼운 불은 가볍다는 본성을 따라 위로 올라간다. 이런 운동은 운동을 야기하는 것이 그 운동의 목적이 되는 것으로 운동의 원리가 그 운동자의 내부에 존재한다. 이처럼 내적 동인으로 움직이는 물체, 또는 생물체의 운동에는 외부 힘이 작용할 필요가 없다.

그러나 자연에는 본성적이지 않은 강제적인 운동도 있다. 강제적인 운동은 본성적인 운동을 거스르는 운동이다. 강제적인 운동에서는 운동을 야기하는 것이 그 운동의 목적이 아니라 그 운동을 진행시키는 작용인이다. 이때 그 운동을 가능하게 하는 작용인, 즉 기동자는 물체와 직접 접촉하고 있어야 한다. 따라서 강세적인 운동에서는 접촉 기동자가 있어야 한다. 그렇지 않으면 운동이 일어나지 않는다. 이런 관점에서 아리스토텔레스는 빈 공간으로서의 진공 상태의 존재를 인정하지 않았다. 공간 속은 사물이 연속적으로 채워져 있다.

아리스토텔레스의 이런 운동관은 우리의 일상 경험과 너무나 잘 맞는다. 마차가 움직이려면 말이 마차와 접촉해 묶여서 직접 끌어야 한다. 말이라는 접촉 기동자가 없다면 마차는 움직이지 않는다. 무거운 사과는 가벼운 나뭇잎보다 더 빨리 떨어진다. 그렇다면 허공을 날아가는 포탄은 어떻게 운동하는 것일까? 여기서도 여전히 접촉 기동자가 운동을 도와주고 있다. 그 실체는 바로 공기다. 즉 포탄 앞쪽으로 밀린 공기가 포탄의 뒤로 가서 계속 포탄을 앞으로 밀어준다는 것이다. 만약 진공이 존재한다면 이런 식의 운동은 불가능하다. 즉 아리스토텔레스가 옳다면 공기가 없는 달에서는 야구공을 허공으로 던져 날릴 수가 없다.

과학혁명의 원전이 되다

《자연학》에서 선보인 아리스토텔레스의 세계관은 중세 시기까지 2천 년 동안 유럽을 지배했다. 16~17세기 근대과학이 태동하는 과정을 흔히 '과학혁명'이라고 하는데, 과학혁명의 과정을 아주 단순하게 말한다면 아리스토텔레스의 세계관을 극복하는 과정이었다. 지구가 우주의 중심에 있고 천체들이 지구 주위를 완벽하게 원 궤도로 운동한다는 그림은 니콜라스 코페르니쿠스Nicolaus Copernicus의 태양중심설과 요하네스 케플러Johannes Kepler의 타원궤도로 허물어졌다. 갈릴레이는 빼어난 사고실험으로 접촉 기동자가 없어도 물체의 운동이 가능함을 보였다. 이는 곧 관성의 발견이었다. 이후 뉴턴은 물체의 운동에 대한 힘의 효과가 속도의 변화, 즉 가속도에 비례함을 보였다. 아리스토텔레스의 운동관에서는 힘이 물체의 속도에 비례한다고 말한다. 이 과정에서 아리스토텔레스의 목적론적인 운동관도 극복되었다. 갈릴레이와 뉴턴은 운동이 '왜' 일어나는지보다 '어떻게' 일어나는지에 더 관심이 많았다. 갈릴레이는 자유 낙하하는 물체의 이동거리가 시간의 제곱에 비례함을 발견했고 뉴턴은 보다 일반적으로 자신의 운동방정식을 만들었다. 뉴턴 역학에서는 힘을 운동의 효과로만 정의했다. 운동에 대한 이런 기술적인 묘사는 과학혁명을 성공시킨 원인 중 하나였다.

또한 뉴턴은 만유인력의 법칙을 발견해 천상계와 지상계에 모두 통용되는 보편법칙을 발견했다. 이로써 달을 기준으로 우주를 천상계와 지상계 둘로 나누고 두 세계에 각자 다른 자연의 법칙을 부여한 플라톤-아리스토텔레스의 이분법적 세계관 역시 무너지게 된다.

이처럼《자연학》은 구체적인 내용에서 현대의 과학적 사실들과는 어긋나는 부분이 많지만, 그럼에도 인류사 전체를 관통하며 큰 족적을 남긴 원전 중의 원전이라 할 수 있다.

같이 읽으면 좋은 책 《러셀 서양철학사》, 버트런드 러셀, 을유문화사

'아무도 읽지 않은 책'으로 인류의 역사를 바꾼 어느 과학자의 생애

◉⟋⟍◉

《지동설과 코페르니쿠스》

Nicolaus Copernicus

오언 킹그리치 Owen Gingerich, 1930~2023
하버드 대학의 천문학자이자 과학사학자다. 미국 철학회 부회장, 국제천문학협회미국 위원회 회장을 역임했다. 특히 코페르니쿠스 연구에 있어 세계적인 대가다.

제임스 맥라클란 James MacLachlan
캐나다 라이어슨 공과대학의 역사학과 교수이면서 프리랜서 저자다.

과학에 관심이 없는 사람이라도 코페르니쿠스의 이름을 모르는 사람은 거의 없을 것이다. 그만큼 코페르니쿠스는 과학 역사에서 가장 중요한 인물 중 한 사람이다. 코페르니쿠스를 이해하려면 먼저 그 이전의 지배적인 천체관이었던 프톨레마이오스 Klaudios Ptolemaeos의 지구중심설부터 잘 알아야 한다.

코페르니쿠스, 프톨레마이오스의 천체관에 의문을 품다

코페르니쿠스의 천체관이 등장하기 전, 세상은 프톨레마이오스의 천체관이 상식으로 통했다. 프톨레마이오스는 2세기 알렉산드리아의 수학자이자 천문학자였으며 150년 《천문학 집대성Megale Syntaxis tes Astoronomias》을 저술해 지구중심설의 천체관을 종합했다. 이 책은 9세기에 아랍어 판본인 《알마게스트Almagest》로 출판돼 이슬람 세계에도 큰 영향을 끼쳤다. 프톨레마이오스의 천체관에서는 지구가 우주의 중심에 고정돼 있고 태양과 달, 다른 행성들이 지구 주위를 돌고 있다. 이때 행성은 '주전원'이라 불리는 작은 원 주위를 돌고, 주전원의 중심이 지구 주위를 도는 이중적인 구조다. 주전원의 중심이 도는 궤도의 중심은 '이심점'이라 하는데, 이심점과 지구가 반드시 일치할 필요는 없다. 그리고 행성은 두꺼운 수정구 속에서 움직이고 있고 각각의 수정구들은 밀착해서 붙어 있다. 이 체계에서는 지구로부터 달, 수성, 금성, 태양, 화성, 목성, 토성의 순서로 행성이 배치돼 있다.

행성이 주전원을 돌고 주전원의 중심이 다시 지구 주위를 돌면, 지구에서 봤을 때 그 행성의 궤적은 꽈배기 모양으로 역행운동을 할 수 있다. 이는 실제 외행성을 관측했을 때 겉보기 운동에서 볼 수 있는 모습이다. 또한 수성과 금성이 언제나 태양으로부터 일정한 각도 이상 벗어나지 않는 것(최대이각)으로 관측되는 현상을 설명하기 위해 수성과 금성의 주전원의 중심은 항상 태양의 평균적인 위치와 지구를 잇는 직선 위에 놓이도록 했다. 화성, 목성, 토성은 그럴 필요가 없었다. 또한 프톨레마이오스는 지구에서 관측했을 때 행성의 운동이 빨라지고 느려지는 현상을 설명하기 위해 등속중심equant을 도입했다. 등속중심은 지구에서 봤을 때 이심점 반대편에 있는 점으로, 이 등속중심에서 행성의 운동을 관측했을 때 행성이 일정한 각속도로 움직인다. 등속중심의 도입으로 프톨레마이오스는 관측 결과와의 오차를 상당히 줄일 수 있었다. 프톨레마이오스의 천체관은 코페르니쿠스 시대까지 무려 1400년 가까이 지배적인 지위를 누려왔다.

코페르니쿠스는 1473년 2월 19일 폴란드의 토룬에서 4남매 중 막내로 태어났다. 열 살 때 부친을 여의고(그 전후로 모친도 여윈 것으로 보인다) 외삼촌인 루카스 바첸로데Lucas Watzenrode가 코페르니쿠스 형제들을 돌보게 된다. 바첸로데는 교회의 하급 성직자인 참사회원으로 있다가 1489년에 바르미아의 주교로 승진했다. 이 무렵(1491년) 코페르니쿠스는 야기엘론스키 대학(당시 크라쿠프 대학)에 들어갔다. 1364년에 설립된 야기엘론스키 대학은 폴란드에서 가장 오래된 대학이다. 여기서 코페르니쿠스는 논리학, 수사학, 자연철학, 천문학 등을 배웠다. 이때 행성운동에 큰 관심을 가졌다고 한다.

코페르니쿠스는 1496년 외삼촌의 권유로 교회법을 공부하기 위해 이탈리아의 볼로냐 대학으로 유학을 떠났다. 볼로냐 대학에 있는 동안에는 천문학 교수 집에 하숙하며 함께 밤하늘을 관측했다. 그 뒤 로마를 거쳐 바르미아로 돌아갔다가 다시 의학 공부를 위해 이탈리아의 파도바 대학으로 떠났다. 당시 파도바 대학은 의학 분야에서 유럽 최고의 대학이었으나 코페르니쿠스는 3년 과정을 마치지 않고 2년 만에 학업을 중단한 뒤 1503년, 페라라 대학에서 교회법으로 박사학위를 받았다. 왜 갑자기 페라라 대학에서 학위를 받았을까? 짧은 시간 안에 적은 비용으로 박사학위를 받기 위해서였다. 이후 페라라를 떠나 바르미아로 돌아갔다. 이후 생의 마지막까지 주로 바르미아에 머물렀다.

코페르니쿠스는 이탈리아에서 영구 귀국한 뒤 1510년까지 외삼촌과 함께 리츠바르크에 있는 주교의 성에 머물렀다. 이후 1510년부터 바르미아 참사회원으로 프라우엔부르크에 주재했다. 이 무렵 코페르니쿠스는《코멘타리올루스Commentariolus》, 즉《짧은 해설서Little Commentary》를 작성했다. 여기에는 태양중심설의 핵심 원리들이 다 들어가 있다. 즉 천구의 중심은 태양이고 그로부터 수성, 금성, 지구, 화성, 목성, 토성이 순서대로 태양 주위를 원 궤도로 돌고 있다는 것이다. 그러니까 코페르니쿠스 체계의 핵심은 프톨레마이오스의 체계에서 지구와 태양의 위치를 바꾼 것이다. 흥미롭게도 코페르니쿠스가 프톨레마이오스 체계에서 가장 불편해했던 점이 등속중심이 도입된 것이었다.

"그러니 이 이론의 중요한 결점은 등속중심이 따로 있는 원을 사용해야 한다는 것이다. 그 결과, 행성들은 그들의 모원이나 원의 중심에 대해 일정한 속력으로 움직이지 않는다. 바로 이런 점 때문에 프톨레마이오스의 이론은 불충분해 보인다."(본문 100쪽)

코페르니쿠스는 키케로Marcus Tullius Cicero와 플루타르코스Plutarch의 저작에서 히케타스Hícĕtas나 필로라우스Philolaos 같은 사람들이 이미 지구가 움직인다고 주장한 것에 영감을 얻었다. 또한 독일의 수학자이자 천문학자였던 레기오몬타누스Regiomontanus가 이심원과 주전원의 기능을 서로 바꿀 수 있음을 보인 기법을 활용하면 화성, 목성, 토성이 자연스럽게 태양 주위를 도는 궤도로 안착시킬 수 있음을 알아낸 것도 중요한 진전이었다. 중간단계의 모형에서는 지구가 여전히 우주의 중심에 놓여 있고 태양이 지구 주위를 돌고 있으며, 다른 행성들이 다시 태양 주위를 도는 구조였다. 그러나 이 구조에서는 당대 천문학자들이 당연하게 받아들였던 천구껍질(행성들이 모두 투명하고 단단한 천구의 껍질에 박혀 있다고 생각했다)이 서로 충돌(특히 화성과 태양의 껍질)하는 문제가 생겼다. 이 문제를 해결하는 방법은 태양을 중심에 놓고 지구를 행성궤도로 옮기는 것이었다.

《짧은 해설서》에서는 수학적인 증명 없이 간략한 설명만 담았다. 그럼에도 코페르니쿠스는 자신의 새로운 모형이 얼마나 효율적인지 확신할 수 있었다. 코페르니쿠스는 '겨우 34개(수성 7개, 금성 5개, 지구 3개, 달은 4개, 화성, 목성, 토성은 각각 5개)'의 주전원만으로 행성들의 모든 운동을 설명할 수 있다고 선언했다. 비교를 위해 한 가지 예를 들자면 13세기 카스티야 왕국의 현왕 알폰소 10세 시절에는 각 행성마다 40~60개의 주전원이 필요했다고 한다.[3]

지구와 태양의 위치를 바꾼 획기적인 사고의 전환

코페르니쿠스의 새로운 천체관은《짧은 해설서》를 통해 당대 천문학자들과 지식인들에게 조금씩 알려지기 시작했다. 이후 코페르니쿠스는《짧은 해설서》에서 주장한 내용을 보다 정교하게 다듬는 작업에 돌입했다. 무엇보다 자신의 새로운 체계 속에서 다시 관측하고 별들의 목록과 표를 만들어야 했다. 코페르니쿠스가 원고 작업을 끝낸 것은 1535년 무렵이었다. 그러나 그는 이 원고를 책으로 출판하는 것은 극도로 꺼렸다. 흔히 생각하는 종교적인 이유는 아니었다. 오히려 니콜라우스 쇤베르크Nikolaus von Schönberg 추기경 같은 사람은 코페르니쿠스의 이론을 접하고

---

3 《아무도 읽지 않은 책》, 오언 깅거리치, 지식의 숲

그를 높이 평가했으며 책이 출판되기를 희망했다. 바르미아의 파비안 루잔스키 주교도 마찬가지였다. 그럼에도 코페르니쿠스가 출판을 꺼렸던 이유는 세인들의 평가 때문이었다. 즉 자신의 이론이 인쇄되어 나왔을 때 너무 어이없는 발상이라고 사람들의 웃음거리가 되지 않을까 걱정했던 것이다.

코페르니쿠스의 마음을 돌린 사람은 독일 출신의 게오르크 레티쿠스Georg Joachim Rheticus였다. 젊은 나이에 비텐베르크 대학의 교수직에 오른 레티쿠스는 뉘른베르크에서 코페르니쿠스의 이론을 접하고는 이를 직접 배우기 위해 1539년 코페르니쿠스가 있는 프라우엔부르크까지 800킬로미터의 먼 길을 달려갔다. 비텐베르크 대학에는 종교개혁의 주역이었던 마르틴 루터Martin Luther도 있었다. 루터파였던 레티쿠스는 루터파의 방문이 금지된 가톨릭 교구에서 2년 정도 코페르니쿠스 밑에서 그의 이론을 배우며 코페르니쿠스 원고의 출판을 도왔다. 레티쿠스는 코페르니쿠스의 천문학을 소개하는 책자를 먼저 출간하자고 제안했다. 그렇게 해서 출판된 것이 레티쿠스의《최초의 보고서Narratio Prima》였다. 이 소책자는 표제지에 레티쿠스의 이름도 없이 70쪽 분량으로 1540년에 출간되었다.《최초의 보고서》는 상당히 인기를 끌어 이듬해에 바젤에서 다시 출간되기도 했다. 재판본에서는 레티쿠스의 이름이 들어가 있다.

1541년 레티쿠스는 코페르니쿠스의 원고 필사본을 들고 비텐베르크로 돌아왔다. 이 원고는 1542년 뉘른베르크의 인쇄업자 페트레이우스에게 전달되었다. 최종적으로 책이 출판된 것은 1543년 4월이었고 다음 달인 5월 24일 코페르니쿠스는 숨을 거두었다. 인류의 역사를 바꾼 코페르니쿠스의 원고가 세상의 빛을 보게 된 데에는 레티쿠스의 역할이 컸다. 그러나 레티쿠스가 구체적으로 어떻게 노년의 코페르니쿠스를 설득했는지는 잘 알려져 있지 않다.

인쇄된 책의 정식 제목은 《De revolutionibus orbium coelestium libri sex》로, 직역하자면 '천구의 회전에 관한 6권의 책'이다. 보통은 《천구의 회전에 관하여》라고 부른다. 책의 앞부분에는 루터파 신학자였던 안드레아스 오시안더Andreas Osiander가 쓴 것으로 알려진 익명의 서문이 있다. 오시안더는 레티쿠스가 라이프치히 대학으로 옮기면서 교정 작업을 넘겼던 인물이다. 서문에서 오시안더는 코페르니쿠스의 가설이 반드시 사실일 필요는 없으며, 이 가설을 관측값과 맞게 계산하기 위한 수학적 도구로 소개했다. 오시안더 나름대로 코페르니쿠스 이론이 거부감 없이 세상에 받아들여지게 하려는 의도였다.

그 뒤로는 코페르니쿠스가 쓴 '교황 바오로 3세에게 드리는 서문과 헌정'이 있다. 여기서 코페르니쿠스는 자신의 견해가 너무 새롭고 또 불합리한 점들이 있어 세상 사람들로부터 경멸과 비웃음을 받지 않을까 염려했던 점을 고백하며, 그럼에도 주변 사람들이 자신의 반대와 망설임을 겪었다는 사실을 적고 있다. 그 인물들로는 쇤베르크 추기경과 코페르니쿠스의 친구이면서 클롬 주교였던 티데만 기세가 명시적으로 소개되었다.

뒤이어 코페르니쿠스는 자신이 새로운 방법으로 천체의 운동을 정리한 이유를 두 가지로 제시한다. 첫째는 달력과 관련된 것이었다. 코페르니쿠스는 교황 레오 10세 때 라테란 공의회에서 교회력을 개정하려 했으나 1년과 한 달의 길이, 태양과 달의 움직임을 정확히 정할 수 없어 수포로 돌아간 점을 지적했다. 둘째는 기존의 체계가 너무나 비일관적이고 지저분해 수학적 확실성이 떨어졌기 때문이다.[4]

코페르니쿠스는 단지 태양과 지구의 위치를 바꾸었을 뿐 여전히 원 궤도와 주전원을 고집했다. 그래서 코페르니쿠스는 '최후의 프톨레마이오스주의자'라고도 불린다. 후대의 케플러는 행성의 공전궤도가 원이 아니라 타원이라는 사실을 밝혀낸다.

하지만 지구와 태양의 위치를 바꾸는 것만으로도 개념적으로 획기적인 전환이었다. 그래서 이로부터 '코페르니쿠스적 전환'이라는 말이 생겨났다. 또한 '천구의 회전에 관하여'라는 제목에 들어가 있는 단어 'revolutionibus'는 원래 회전을 뜻하는 말이지만 이 책이 학문적으로나 사회적으로나 혁명적으로 큰 영향

4 《천체의 회전에 관하여》, 니콜라우스 코페르니쿠스, 서해문집

을 끼친 까닭에 '혁명revolution'의 의미가 강화되었다고 한다. 서구 사회에서 근대과학이 태동하고 확립된 과정을 흔히 과학혁명이라 부르는데, 보통은 그 출발점을《천구의 회전에 관하여》로 잡는다.

'지동설=코페르니쿠스'라는
단순한 등식을 넘어

그러나《천구의 회전에 관하여》가 순탄한 길만 걸었던 것은 아니다. 1616년 로마 교황청에서는 더 이상 코페르니쿠스를 가르치지 말라고 명령했으며《천구의 회전에 관하여》는 수정을 거치지 않으면 출판할 수 없었다. 이 사건에는 갈릴레이가 연루돼 있다. 이후 태양중심설을 가르치는 책들에 대한 규제가 조금씩 완화되었으나《천구의 회전에 관하여》는 계속 검열을 받아야만 했다. 모든 검열이 폐지된 것은 1835년에 이르러서였다. 영국 작가인 아서 케스틀러Arthur Koestler는《몽유병자들The Sleepwalkers》에서《천구의 회전에 관하여》를 두고 '아무도 읽지 않은 책'이라 불렀다. 사실《천구의 회전에 관하여》는 초반 5% 정도는 쉽게 읽을 수 있지만 나머지는 전문적인 천문학, 기하학, 항성 목록 등을 담고 있어서 보통 사람들이 읽기 어렵다. 이 책의 저자인 킹그리치는 1543년 뉘른베르크 초반본과 1566년 바젤 재판본 600권을 대상으로 책의 소유자와 남겨진 주석, 메모 등을 조사해 케스틀러의 주장이 사실이 아님을 밝혔다.

우주의 모습이 프톨레마이오스의 지구중심설에서 코페르니쿠스의 태양중심설로 바뀐 것은 지구가 더 이상 우주 중심이 아닌 우주 변방으로 쫓겨났다는 점에서 인식론적으로도 엄청난 변화를 초래했다. 지구는 더 이상 'The One'이 아니라 그저 'One of Them'이 돼버렸다. 이를 코페르니쿠스의 원리, 또는 평범성의 원리mediocrity principle라고도 부른다. 이후 19세기 찰스 다윈Charles Darwin의 진화론이 등장해 인류가 더 이상 특별한 생명체가 아님이 밝혀졌다. 1920년대까지는 우리 은하가 우주의 전부라 생각했으나 안드로메다가 외계은하임이 밝혀지면서 우리 은하도 더 이상 특별한 존재가 아니게 되었다.

21세기 들어서는 다중우주론이 각광을 받고 있다. 다중우주가 맞다면 우리 우주는 더 이상 특별한 우주가 아니게 된다. 이렇게 긴 호흡으로 바라보면 과학의 역사는 코페르니쿠스의 원리가 끊임없이 확장된 역사라고도 볼 수 있다.

그러나 그 중요성에 비해 코페르니쿠스의 생애와 《천구의 회전에 관하여》는 상대적으로 잘 알려져 있지 않다. 그저 '지동설=코페르니쿠스' 정도의 등식만 입력돼 있을 뿐이다. 《지동설과 코페르니쿠스》는 그렇게 교과서 속에 박제된 코페르니쿠스를 현실의 성직자 겸 천문학자, 그리고 과학자로 생생하게 되살려 놓았다.

《지동설과 코페르니쿠스》는 비교적 짧은 분량 속에 1500년대 전후 폴란드를 포함한 유럽의 시대적 상황과 코페르니쿠스의 과학적 작업에 대한 상세한 해설까지 매우 폭넓고 알찬 내용을 다루고 있다. 코페르니쿠스가 화폐개혁안을 담은 논문을 썼다는 사실이나 게르만 기사단과의 전쟁에 휘말린 점, 종교개혁의 소용돌이 속에서 가톨릭 교구 성직자였던 점 등도 생생하게 그리고 있지만, 코페르니쿠스가 어떻게 프톨레마이오스 체계를 극복해 나가는지 다소 전문적인 내용까지도 간결하게 잘 정리해 놓았다. 또한 책 곳곳에 본문에서 다룬 이슈를 별도로 설명하는 단락이나 페이지, 삽화와 사진도 많이 들어 있어 독자들이 책을 이해하는 데 큰 도움이 된다. 이 정도로 밀도 있게 코페르니쿠스를 입체적으로 조망한 책도 찾기 힘들다. 이 책을 통해 우리는 코페르니쿠스가 얼마나 위대한 과학자였는지 새삼 깨달을 수 있다.

같이 읽으면 좋은 책 《아무도 읽지 않은 책》, 오언 깅거리치, 지식의 숲
《천체의 회전에 관하여》, 니콜라우스 코페르니쿠스, 서해문집
《코페르니쿠스의 연구실》, 데이바 소벨, 웅진지식하우스
《코페르니쿠스 혁명》, 토머스 쿤, 지식을만드는지식

세기의 종교재판을 야기한
위대한 문제작

《두 체계의 대화》

Dialogo

갈릴레오 갈릴레이 Galileo Galilei, 1564~1642

이탈리아 피사에서 태어나 1581년에 피사 대학 의학부에 입학했으나 중퇴하고 수학을 공부했다. 1609년에 망원경을 이용해 최초로 천체를 관측한 후 그때의 놀라운 발견들을 책으로 펴내 유럽 최고의 과학자가 되었으며, 1610년에 토스카나 대공의 제일 수학자로 취임했다. 1632년에 펴낸《두 체계의 대화》가 문제되어 1633년 종교 재판에 회부되어 유죄 판결을 받고 가택연금되었다. 그해 6월 23일부터 7월 6일까지 메디치 저택에 머물다가 피렌체에서 가까운 시에나의 피콜로미니 대주교가 있던 저택으로 옮겼고, 그해 12월부터는 피렌체의 아르체트리에 있는 자택에 연금되었다. 1642년 1월에 아르체트리에서 사망했다.

《두 체계의 대화》(이하《대화》)는 역사상 가장 유명한 금서다. 갈릴레이는 이 책을 1632년에 출판했고 이듬해인 1633년 종교재판에서 유죄 판결을 받고 가택연금에 처해졌다. 갈릴레이가《대화》를 쓴 이유는 교회로부터 자신의 천체관을 인정받고 싶었기 때문이다. 그 천체관이란 코페르니쿠스가 주창했던 태양중심설

이었다. 이에 따르면 지구는 더 이상 우주의 중심이 아니다. 지구는 스스로 자전하면서 태양 주변을 공전하는 여러 행성 중 하나일 뿐이다. 갈릴레이가《대화》를 쓴 구체적인 목적은 지구의 자전과 공전으로 밀물과 썰물의 운동을 설명하기 위해서였다.

우리의 과학 상식에 대한 원전

갈릴레이는《대화》에서 위의 내용들을 전체 4막 구조의 연극 형식으로 기술했다. 살비아티, 세그레도, 심플리치오 등 세 명의 등장인물이 나흘에 걸쳐 이야기를 나눈다. 살비아티는 갈릴레이의 아바타에 해당하는 인물로 대단히 지적이고 태양중심설을 적극 옹호한다. 반면 심플리치오는 상대적으로 어리석은 인물로 지구중심설을 옹호한다. 이름에서 주는 어감이 '단순무식한' 느낌이다. 실제 이탈리아 말로 'simpliciotto'는 바보, 얼간이라는 뜻이다. 세그레도는 살비아티와 심플리치오 사이를 중재하는 역할을 한다. 그러나 실질적으로는 살비아티의 편을 든다. 살비아티와 세그레도라는 이름은 실제로 피렌체와 베네치아에 살았던 갈릴레이의 지인들에게서 따왔다. 이들은《대화》가 출판될 때 모두 세상을 떠난 뒤였다. 책의 앞부분에는 세 명의 인물이 그려져 있는데 왼쪽부터 아리스토텔레스, 프톨레마이오스, 코페르니쿠스다. 시대를 초월해 중요한 천체관을 형성한 세 인물이 등장하는 것이 흥미롭다.

《대화》의 1막은 갈릴레이 시대까지 무려 2천 년 정도 유럽 사상을 지배했던 아리스토텔레스의 세계관과 천체관 및 여기에 대비되는 코페르니쿠스의 천체관을 논의한다. 살비아티는 또한 밀물과 썰물의 문제도 제기한다. 2막은 지구의 자전을 다루고, 3막은 지구의 공전, 그리고 마지막 4막은 밀물과 썰물의 움직임을 자세하게 다룬다. 본문에서도 상세하게 나오듯이, 당대 사람들이 태양중심설을 거부했던 것이 단지 종교적인 이유 때문은 아니었다. 《대화》에서는 태양중심설을 반대하고 지구중심설을 옹호했던 역학적인 주장들이 등장한다. 가장 대표적인 예는 만약 지구가 서쪽에서 동쪽으로 자전한다면 나무에서 떨어지는 사과나 낙엽이 항상 나무의 서쪽으로 치우쳐 떨어지지 않겠냐는 주장이다.

이에 대한 갈릴레이의 반박도 유명하다. 갈릴레이는 항해 중인 배의 돛대에서 공을 떨어뜨리면 공은 배의 뒤편으로 치우치지 않고 돛대 바로 옆에 떨어진다는 사실을 상기시킨다. 이는 공이 배와 함께 움직이고 있었기 때문에 생기는 현상이다. 지구 위의 모든 물체도 마찬가지다. 지구와 함께 움직이고 있으면 그 움직임을 알아채기 어려울 수 있다는 이야기다. 그렇다면 낙엽이나 공이 떨어지는 현상만으로는 지구나 배가 움직인다는 사실을 입증할 수 없다. 또한 배가 움직이고 있는가, 정지해 있는가라는 질문 자체는 의미가 없다. 중요한 것은 상대적인 운동이다.

무엇을 기준으로 움직이고 있는가가 중요하다. 이런 까닭에 갈릴레이가《대화》에서 다룬 상대적인 운동이론은 상대성이론의 원조에 해당한다. 다만 갈릴레이의 상대성이론은 고전적인 상대성이론이다. 370여 년 뒤 알베르트 아인슈타인Albert Einstein의 특수상대성이론은 보다 현대화된, 그리고 보다 일관적인 이론이다. 특수상대성이론에서 광속이 무한대로 가는 고전적인 극한을 취하면 그 결과 갈릴레이의 고전적인 상대성이론으로 도출된다.

위의 논의는《대화》의 둘째 날에 등장한다.《대화》는 이처럼 우리가 교과서에서 봤던 내용들의 원 출처에 해당하는 저작이다. 그 논의를 직접 접할 수 있다는 것이 고전 원전을 읽는 기쁨이자 묘미다. 이는 마치 〈모나리자〉나 〈천지창조〉를 보기 위해 루브르 박물관이나 교황청의 시스티나 성당을 찾는 것과 비슷하다.

갈릴레이, 고초를 겪다

형식적으로만 놓고 보자면《대화》는 실패작이다. 왜냐하면 밀물과 썰물을 지구의 자전과 공전으로 설명하려 했던 갈릴레이의 시도는 성공할 수 없었기 때문이다. 갈릴레이의 설명은 이렇다. 지구가 자전하면서 공전하면 지구의 한쪽 면은 자전하는 방향과 공전하는 방향이 일치하게 되고 반대편은 자전하는 방향과 공전하는 방향이 반대가 된다. 그 결과 한쪽에는 해수가 쏠리게 되고 다른 쪽에는 해수가 빠지게 된다. 갈릴레이는《대화》의 넷째 날 대화에서, 물을 담은 배의 운동에 비유해서 이를 설명한다. 즉 물통에 물을 담은 배가 천천히 움직이다가 갑자기 멈추면 물통 속의 물은 곧바로 멈추는 게 아니라 앞쪽으로 쏠린다. 물이 원래 움직이던 관성 때문이다. 그 결과 물통의 앞쪽은 수면이 올라가고 뒤쪽은 수면이 내려간다. 지구도 마찬가지라는 게 갈릴레이의 주장이다.

갈릴레이의 주장이 옳다면 밀물에서 밀물 사이의 주기는 24시간이 돼야 한다. 12시간이 지나면 지구의 공전과 같은 방향을 향하던 면이 반대 방향을 향하게 되고 다시 12시간이 더 흘러야 지구의 공전 방향과 자전 방향이 일치하기 때문이다. 실제로 갈릴레이는 사람을 보내 밀물과 썰물의 주기를 정확하게 관측하게 했다. 그러나 그 결과는 24시간이 아니라 12시간에 훨씬 더 가까웠다.

밀물과 썰물이 생기는 이유는 지구와 달, 태양 사이의 중력 때문이다. 중력의 개념을 정확하게 정립한 사람은 갈릴레이가 죽은 지 거의 1년 뒤에 태어난 뉴턴이다. 뉴턴의 만유인력의 법칙을 적용하면 지구와 달을 잇는 방향을 따라 지구의 해수면이 양쪽으로 부풀어 오른다. 그 결과 밀물의 주기가 12시간에 가깝다는 걸 쉽게 설명할 수 있다. 약간의 오차는 달의 공전 때문이다.

이처럼《대화》를 읽으면서 갈릴레이의 시대적인 한계를 체감해 보는 것도 원전을 읽는 또 다른 묘미라 할 수 있다.

갈릴레이가《대화》를 쓴 동기는 자신이 지지하는 태양중심설이 교회에서 받아들여질 수 있다는 희망 때문이었다. 갈릴레이는 1609년 자신이 직접 만든 고배율 망원경으로 달과 금성, 목성의 위성, 태양의 흑점 등을 관찰했고, 그 결과 코페르니쿠스의 태양중심설이 옳다고 확신하게 된다. 갈릴레이는 피렌체에서 로마를 오가며 자신의 주장을 설파했다. 물론 그의 주장은 성경의 내용과 완전히 일치하지는 않았다. 그러나 갈릴레이는 성경의 문구를 글자 그대로 받아들여서는 안 된다고 생각했다. 성경의 문구는 자연현상을 정확하게 설명하기 위해 기술된 것이 아니라 신앙을 위해 쓰인 것이라고 여겼다. 결론적으로 갈릴레이는 태양중심설이 성경과 양립할 수 있다고 생각했다. 갈릴레이의 이런 견해는 1613년 갈릴레이가 자신의 친구였던 피사의 수학자 베네데토 카스텔리Benedetto Castelli에게 보낸 편지에 잘 드러나 있다.

그러나 당연하게도 기존의 교회와 성직자들은 갈릴레이의 주장을 쉽게 받아들이지 않았다. 도미니코 수도회의 수도사 조르다노 브루노Giordano Bruno가 태양중심설과 무한우주론을 주장하다가 로마의 캄포 데 피오리 광장에서 화형된 것이 불과 10여 년 전인 1600년이었다. 1615년 니콜로 로리니Niccolò Lorini 신부는 로마의 종교재판소에 갈릴레이의 논문을 고발했고, 1년 뒤인 1616년 2월에는 교황이 더 이상 코페르니쿠스를 가르치거나 옹호하지 못하도록 명령했다. 갈릴레이는 벨라르미누스 추기경에게 불려가 교황의 새로운 명령을 직접 경고받았다.

그러다 1623년 갈릴레이와 피사 대학 동문이던 마페오 바르베리니 추기경이 새로운 교황(우르바노 8세)으로 즉위했다. 갈릴레이는 새 교황과 친분도 있었고 몇 차례 알현하기도 했었다. 우르바노 8세의 등장은 갈릴레이에게 《대화》를 출판할 용기를 주었다.

그러나 불행히도 갈릴레이의 기대는 보기 좋게 빗나갔다. 무엇보다 갈릴레이가 코페르니쿠스를 가르치거나 옹호하지 말라는 1616년 교황의 규칙과 추기경의 경고를 무시했다는 것을 그냥 넘어갈 수 없었다. 또한 《대화》의 '빌런'이라고 할 수 있는 심플리치오가 교황을 풍자적으로 빗댄 거 아니냐는 소문도 갈릴레이에게 악재였다. 게다가 1618년부터 신교도들과의 갈등으로 시작된 30년전쟁은 교회가 교권을 강화하는 압력으로 작용했다. 결국 갈릴레이는 1633년 1월 일흔에 가까운 나이로 로마 종교재판소의 검사성성檢邪聖省으로 출두하기 위해 피렌체를 떠났다.

그해 4월부터 시작된 심문은 네 차례 진행되었다. 재판의 핵심 쟁점은 갈릴레이가 1616년 교황의 명령을 어겼느냐 하는 점이었다. 세간에 널리 알려진 것처럼 갈릴레이가 과학자로서의 신념을 끝까지 지키며 당당하게 "그래도 지구는 돈다Eppur si mouve."라고 말했다는 근거는 없다. 오히려 반대로 갈릴레이는 코페르니쿠스가 틀렸음을 보이기 위해, 또는 자기가 잘난 것을 내보이기 위한 허영심에《대화》를 썼다고 진술했다.

종교재판은 재판에 회부되었다는 사실 자체가 유죄를 상정한 것이라고 한다. 갈릴레이도 최종 판결에서 유죄를 선고받았다. 갈릴레이에게는 검사성성 감옥에 투옥될 것이며《대화》는 금서로 지정한다는 판결이 내려졌다. 갈릴레이는 자신이 교황의 명령을 어겼음을 인정하고 자기 주장을 철회한다는 각서에 서명했다.

열 명의 재판관 중 판결문에 서명한 재판관은 일곱 명이었다. 서명하지 않은 세 명 중 한 명이었던 프란체스코 바르베리니 추기경은 우르바노 8세의 조카였는데, 갈릴레이를 적극적으로 구명하고 나섰다. 덕분에 갈릴레이는 감옥에 갇히는 대신 가택에 연금되었다. 사실 그 가택도 보통의 가택이 아니라 갈릴레이를 후원했던 메디치 가문의 로마 소재 저택('메디치 저택')이었다. 세계적인 관광명소인 로마 스페인 계단 위쪽 스파냐 지하철역에서 가깝다. 지금은 프랑스 문화원으로 쓰고 있다.

천천히 복권된 갈릴레이

《대화》는 금서로 지정된 뒤 그해 여름 정가의 12배로 가격이 폭
등했다. 1740년대부터는 약간의 검열을 거친 뒤《대화》의 출판
이 허용되었다. 1757년에는 태양중심설을 가르치는 모든 책을
금지한다는 조례가 철회되었다. 그러나《대화》와 코페르니쿠스
의《천구의 회전에 관하여》는 여전히 검열을 받아야만 했다.《천
구의 회전에 관하여》는 1616년부터 수정 없이는 출판이 금지되
었다. 그러다가 마침내 1822년, 태양중심설을 다루는 일반저작
물의 출판이 허용되었고, 1835년에 이르러서야 모든 검열이 폐
지되었다.[5]

　20세기에 들어서서 1939년 교황 비오 12세는 갈릴레이를
담대한 영웅이라 평가했다. 1965년 교황 요한 바오로 6세는
1633년 종교재판을 재평가했다. 갈릴레이가 완전히 복권된 것
은 1992년 교황 요한 바오로 2세 때의 일이다. 요한 바오로 2세
는 1633년 종교재판의 부당함을 인정했다. 그러나 그 이후인
2003년에도 교황청 교리성성의 안젤로 아마토 대주교가 우르
바노 8세를 두둔하는 주장을 했다. 2005년 교황에 취임한 베네
딕토 16세는 추기경 시절이던 1990년 로마 사피엔자 대학에서
1633년 재판이 정당했다고 옹호한 적이 있다. 이 때문에 2008

---

5 《갈릴레오의 딸》, 데이바 소벨, 웅진지식하우스

년 베네딕토 16세가 다시 사피엔자 대학을 방문하려 했을 때 물리학과 소속 전 교수 포함 많은 대학 관계자들이 추기경 때의 발언을 문제 삼아 그의 방문을 격렬하게 반대했다. 결국 베네딕토 16세의 사피엔자 대학 방문은 취소되었다. 21세기에 들어와서도 갈릴레이와 몇몇 교황은 온전히 화해하지 못한 것 같다.

⚡ **같이 읽으면 좋은 책** 《갈릴레오의 딸》, 데이바 소벨, 웅진지식하우스
《갈릴레오의 진실》, 윌리엄 쉬어·마리아노 아르티가스, 동아시아
《새로운 두 과학》, 갈릴레오 갈릴레이 사이언스북스
《시데레우스 눈치우스》, 갈릴레오 갈릴레이, 승산

5

갈릴레오 갈릴레이와 함께하는
로마로의 여정

《갈릴레오의 진실》

Galileo in Rome

윌리엄 쉬어 William R. Shea
이탈리아 파도바 대학의 과학사 분야에서 '갈릴레오 석좌교수'로 있다. '국제과학사 및 과학철학협회'와 '국제과학사학술원'의 회장을 지냈다.

마리아노 아르티가스 Mariano Artigas, 1938-2006
에스파냐 팜플로나에 있는 나바라 대학에서 과학철학 교수를 지냈으며, 종교철학교 수단의 주임교수를 지냈다. 물리학과 철학 분야에서 박사학위를 받았고, 가톨릭 사제 이기도 했다.

《갈릴레오의 진실》은 여러모로 흥미로운 책이다. 먼저 갈릴레오 갈릴레이를 표기할 때 보통 그의 성인 '갈릴레이'로만 표기하는 게 일반적인데, 그럼에도 이 책에서는 줄곧 '갈릴레오'로만 표기 한다. 저자들은 그 이유를 본문 시작에서 설명하고 있다.

"위인들을 첫 이름으로 부르는 이탈리아 전통에 따라 이 책에서 도 '갈릴레오'라고 부르기로 하자."(본문 17쪽)

둘째, 저자인 쉬어와 아르티가스의 조합이 이채롭다. 캐나다 출신의 쉬어는 역사학자이자 과학철학자로 이탈리아 파도바 대학의 과학사 '갈릴레오 석좌교수'로 재직 중이다. 아르티가스 는 스페인 출신으로 물리학과 철학, 신학에서 박사학위를 받은 물리학자이자 철학자이고 가톨릭 사제이기도 하다. 스페인 나 바라 대학에서 과학철학 교수로 재직하기도 했다. 이들의 흥미 로운 조합은 '들어서면서'의 마지막 문장에 잘 드러나 있다.

"때로는 신부가 역사가보다 갈릴레오를 더 옹호하는가 하면, 반대로 역사가는 교회가 오히려 더 타당한 논거를 가졌다며 주 의를 환기시키기도 했다."(본문 14쪽)

셋째, 이 책은 원제 'Galileo in Rome'이 암시하듯이 갈릴레 오가 로마로 여행했던 여정을 중심으로 구성되었다. 피사 출신 으로 피렌체에 살았던 갈릴레오가 긴 일정으로 로마를 방문한 것은 총 여섯 차례였다. 앞선 다섯 차례의 로마 방문이 어땠는지 잘 모르는 일반 독자라도 마지막 여섯 번째 방문의 이유는 대부 분 잘 알고 있을 것이다. 바로 그 유명한 종교재판을 받기 위한 방문이었기 때문이다. 이 책이 제시하는 대로 갈릴레오가 여섯 차례에 걸쳐 로마를 방문한 여정과 이유만 잘 쫓아가도 갈릴레오의 전체 생애가 한눈에 들어온다.

천문학자로서의 삶이 시작되다

갈릴레오는 1587년에 처음으로 로마를 방문한다. 이때 갈릴레오의 나이는 스물세 살. 방문 목적은 대학에서 일자리를 얻는 데 도움을 줄 사람들을 만나기 위해서였다. 갈릴레오는 1581년 피사 대학의 예술학부에 입학했지만 공부에 흥미를 잃고 1585년 대학을 중퇴한 뒤 피렌체에서 수학 과외를 하며 생활을 이어 갔다. 그 와중에 로마를 방문했던 것이다. 거기서 예수회 소속 로마 대학의 크리스토퍼 클라비우스Christopher Clavius를 만났다. 이후 그의 도움으로 1589년 피사 대학 수학과에 교수로 부임하게 된다.

1592년에는 피사를 떠나 파도바 대학으로 옮겨 수학과 교수로 부임했다. 당시 파도바 대학은 유럽 최고의 대학 중 하나였다. 파도바는 물의 도시 베네치아에서 30킬로미터 정도 떨어져 있는 가까운 도시다. 이 무렵 갈릴레오는 역학과 관련된 연구를 하고 있었다. 그러다 1609년 베네치아에서 망원경이라는 새로운 물건을 접하게 된다. 손재주가 좋았던 갈릴레오는 손수 15배율 망원경을 만들어 밤하늘을 관측하기 시작했다. 달을 관찰하던 갈릴레오는 달의 표면이 지구와 크게 다르지 않음을 알게 되었다. 또한 은하수가 수많은 별의 모임임을 알게 되었다.

갈릴레오는 이듬해 1월에도 밤하늘을 계속 관찰했다. 망원경의 배율은 20배로 높아졌다. 갈릴레오는 이 무렵 자신의 신변을 바꿀 발견을 하게 된다. 바로 목성의 위성 네 개를 처음 발견한 것이다. 1610년 3월 갈릴레오는 자신의 발견을 정리해《별의 전언Sidereus Nuncius》이라는 책자로 발간했다. 갈릴레오는 이 책자를 당시 토스카나 지방을 지배했던 메디치 가문의 코시모 2세 대공에게 헌정했다. 그래서 자신이 새로 발견한 목성의 위성 네 개에도 '메디치의 별'이라는 이름을 붙였다. 갈릴레오가 메디치 가문에 이렇게 헌신적이었던 이유는 메디치 가문의 후원을 받기 위해서였다. 그의 노력은 헛되지 않아 그해 6월 메디치 가문의 전속 철학자 겸 수학자로 임명되었다.

여세를 몰아 갈릴레오는 그 이듬해인 1611년 3월 29일~6월 4일 동안 두 번째 로마 여행길에 오른다. 로마의 유력자들에게 자신이 망원경으로 발견한 성과를 설명하기 위한 여행이었다. 갈릴레오는 광학기기로 밤하늘을 관측한 첫 세대의 과학자였다. 하지만 당대의 다른 지식인들은 기구를 통해 대상을 관측한다는 사실에 거부감을 갖고 있었다. 또한 갈릴레오가 발견한 사실들은 아리스토텔레스의 세계관이나 프톨레마이오스의 지구중심설을 허무는 것이었다. 예컨대 달이 완벽하지 않고 표면에

산이나 계곡, 운석이 충돌한 흔적 등이 있다는 사실은 아리스토텔레스의 가르침과는 달랐다. 태양의 흑점도 마찬가지였다. 또한 목성에 위성이 있다는 사실은 우주의 모든 천체가 지구를 중심으로 돌지 않는다는 것을 암시하고 있었다. 그뿐만이 아니었다. 1610년 피렌체로 돌아온 갈릴레오는 그해 가을 금성을 관측해 금성이 달처럼 차고 기우는 상변화를 겪는다는 사실을 알아냈다. 이는 지구중심설로는 설명하기 힘든, 태양중심설의 유력한 증거였다.

갈릴레오의 2차 로마 방문은 대체로 성공적이었으나, 갈릴레오가 자신의 관측 내용을 설파하고 다니자 반발하는 사람들이 나타나기 시작했다. 특히 갈릴레오가 1613년 제자이자 피사 대학 교수로 있던 베네데토 카스텔리에게 편지 형식으로 쓴 〈카스텔리에게 보내는 편지〉라는 논문이 문제가 됐다. 갈릴레오의 입장은 성경을 문자 그대로 해석하면 안 된다는 것이었다. 성경에 쓰인 내용은 대중들을 신앙과 구원으로 이끌기 위함인데 이를 곧이곧대로 믿으면 안 되며, 주석가들이 잘못을 저지를 수도 있다고 주장했다.

도미니크 수도회원이었던 니콜로 로리니 수사는 이 논문에 문제가 있다고 교황청에 갈릴레오를 고발했고 1615년 2월 교황청의 검사성성이 심의에 들어갔다. 갈릴레오는 스스로를 변호하고 방어할 필요를 느껴 1615년 12월 10일~1616년 6월 4

일까지 세 번째로 로마를 방문했다. 그러나 그의 노력은 무위로 돌아갔다. 1616년 2월 교황의 지시에 따라 벨라르미누스 추기경이 갈릴레오를 소환해 이후로는 어떤 방법으로든 코페르니쿠스를 견지하거나 가르치거나 옹호하지 않을 것을 명령했다. 갈릴레오는 이 지시를 승인한 다음 지키겠다고 약속했다.

1624년 4월 23일~6월 16일까지 있었던 네 번째 로마 여행은 갈릴레오에게 희망을 안겼다. 바로 전해인 1623년 갈릴레오에게 우호적이며 그와 친분이 있었던 마페오 바르베리니 추기경이 교황으로 선출되어 우르바노 8세에 즉위했기 때문이다. 갈릴레오는 로마를 방문한 다음 날 곧바로 교황을 알현하는 등 여섯 차례에 걸쳐 환대를 받았다. 피렌체로 돌아온 갈릴레오는 자신의 우주관을 책으로 펴낼 수 있겠다는 희망을 품게 되었다. 그렇게 해서 집필한 책이 바로《대화》다.

위대한 과학자의 고단한 말년

이 세기의 화제작은 1632년에 피렌체에서 출판되었다. 그 전에 갈릴레오는 출판 허가를 받기 위해 1630년 5월 3일~6월 26일 동안 다섯 번째로 로마를 방문했다. 그러나 출판 허가를 받고 실제로 출판이 이루어지기까지는 우여곡절이 많았다.

《대화》는 출판된 직후 큰 파문을 일으켰고 교황도 강경한 태도를 취했다. 특히 교황청 검사성성 문서고에서 갈릴레오가

1616년 벨라르미누스 추기경의 경고를 받아들이기로 했다는 문서가 발견된 것이 결정타였다. 이는 이후 진행된 심문 과정에서도 핵심적인 이슈였다. 결국 교황청 조사위원회는 1632년 9월 갈릴레오를 종교재판에 회부하기 위해 로마로 소환하는 결정을 내렸다. 실제 갈릴레오가 로마로 출발한 것은 이듬해인 1633년 1월 20일이었고 2월 13일에 로마에 도착했다. 이것이 갈릴레오의 여섯 번째이자 마지막 로마 방문이었다.

널리 알려져 있듯이 갈릴레오는 종교재판에서 6월 22일 유죄 판결을 받았다. 6월 23일부터 시작된 가택연금 장소는 메디치 가문의 저택이었다. 가택 연금이기는 했으나 당시 갈릴레오는 일흔에 가까운 고령이어서 쉽지 않은 나날이었다. 가택 연금 기간 동안 갈릴레오는 피사-파도바 대학 시절에 연구했던 역학과 관련된 내용을 책으로 집필할 구상에 들어간다. 연금지가 아르체트리로 옮겨진 뒤 1634년 가을부터는 《새로운 두 과학에 대한 논의와 수학적 논증Discorsi e dimostrazioni matematiche Intorno a due nuove scienze》(이하 《두 과학》)을 집필하기 시작했다. 시력이 많이 나빠졌던 갈릴레오는 막내아들 빈센초의 도움을 많이 받았다. 그리고 마침내 1638년 6월 《두 과학》은 이탈리아가 아니라 네덜란드에서 출판되었다. 이 책은 최초의 근대적인 역학 교과서로 평가받는다.

갈릴레오는 1642년 1월 8일 숨을 거두었다. 시신은 피렌체의 산타크로체 성당의 조그만 예배당 구석에 임시로 묻혔다. 이후 1737년 산타크로체 성당 본당으로 이장했고 이때 그의 척추, 치아, 오른손 엄지, 검지, 중지 등이 따로 보관되었다. 피렌체의 갈릴레오 박물관에는 그 일부가 지금도 전시돼 있다.

갈릴레오의 진실에 더 가깝게
다가가기 위해

《갈릴레오의 진실》은 이처럼 갈릴레오의 여섯 차례에 걸친 로마 방문을 중심으로 갈릴레오와 주변 인물들, 사회적 상황 등을 촘촘하게 엮어 마치 대하사극을 보는 듯 이야기를 풀어놓는다. 저자들이 과학사에 전문가들인 만큼 수많은 문헌을 조사하고 인용해 소개하고 있어 현장감도 높다. 책을 읽다보면 갈릴레오에게 무슨 일이 있었는지 아주 자세하게 알 수 있다. 특히 1633년 4월 12일부터 시작된 종교재판에서 있었던 총 4회의 심문 과정을 면밀히 살펴볼 수 있어, 세기의 종교재판이 어떻게 진행되었는지 잘 알 수 있다. 이것이 이 책의 가장 큰 미덕이다. 《대화》라는 원전만 읽어서는 알 수 없는 당시의 구체적인 이야기들을 더욱 풍성하게 알 수 있다.

갈릴레오가 고발당한 〈카스텔리에게 보내는 편지〉와 관련해서 2018년에 새로운 편지가 발견되었다. 이 편지는 여러 복사본이 만들어져 배포되었으나 원본은 사라지고 현재까지 남아 있는

판본은 두 가지였다. 하나는 바티칸 비밀 문서고에 보관돼 있던 이른바 '강한 버전'으로, 이는 도미니코회 로리니 수사가 종교재판소에 갈릴레오를 고발하게 만든 바로 그 편지였다. '강한 버전'에서는 교회에 대한 갈릴레오의 입장이 아주 강경하게 드러나 있다. 1615년 갈릴레오는 친구였던 로마의 성직자 피에로 디니Piero Dini에게 편지를 보내 로리니의 '강한 버전'이 조작되었다고 하소연하면서 또 다른 버전의 편지('약한 버전')를 동봉했다. '약한 버전'에서는 교회를 향한 갈릴레오의 입장이 많이 누그러져 있다. 갈릴레오는 디니에게 동봉한 버전이 진짜라고 주장했다.

그런데 2018년 이탈리아 베르가모 대학의 과학사학자 살바토레 리카르도Salvatore Ricciardo가 영국 왕립학회 도서관에서 원본으로 추정되는 새로운 편지를 발견했다. 여기서 드러난 갈릴레오의 입장은 대략 이렇다. '과학 연구는 종교 교리로부터 자유로워야 한다. 성경에서 언급한 천문학적 사건은 일반인이 신앙을 쉽게 받아들이도록 단순화시켜 기술한 것이므로 문자 그대로 받아들이면 안 된다. 이걸 다르게 말하는 종교 당국은 판단 능력이 없다.' 또한 태양중심설이 성경과 양립 불가능하지도 않는다는 것이 갈릴레오의 입장이었다.

문제는 새로 발견한 원본 편지에서 수정한 흔적이 곳곳에서 발견되었다는 점이다. 수정된 내용으로 보아 새로 발견한 편지는 갈릴레오가 자신의 주장과는 달리 '강한 버전'을 '약한 버전'

으로 바꾼 결정적인 증거로 여겨진다. 이것이 사실이라면 한 인간으로서의 갈릴레오의 또 다른 면을 볼 수 있다. 원전인《대화》와 그 충실한 해설서인《갈릴레오의 진실》을 읽으면서, 최근에 발견된 편지까지 함께 염두에 둔다면 훨씬 더 흥미롭게 갈릴레오의 진실에 다가갈 수 있을 것이다.

같이 읽으면 좋은 책 《갈릴레오의 딸》, 데이바 소벨, 웅진지식하우스
《시데레우스 눈치우스》, 갈릴레오 갈릴레이, 승산

6

성경 다음으로 인류의 역사를 바꾼
위대한 저작

《프린키피아》[6]

Philosophiae Naturalis Principia athematica

아이작 뉴턴 Isaac Newton, 1643~1727

영국의 물리학자이자 수학자이자 천문학자. 1642년 영국 링컨셔주 울즈소프에서 태어났다. 1661년 케임브리지 대학 트리니티 칼리지에 입학했으며, 1669년에 루커스 석좌교수가 되었다. 인류 역사상 가장 위대한 과학자로 불리지만, 후에는 정치에 관심을 돌려 트리니티 칼리지 대표 국회의원 및 조폐국 장관을 역임했다. 그러다 1703년 왕립협회 회장으로 취임하며 물리학계로 돌아왔다. 평생 독신으로 연구에만 몰두하다가 1727년 3월 31일에 세상을 떠났다.

1687년 출판된 《자연철학의 수학적 원리》는 한 세기 전 코페르니쿠스가 태양중심설을 주창하면서 시작된 이른바 과학혁명의 정점을 찍은 저작이다. 보통은 '원리'에 해당하는 라틴어만 떼서

---

6 《프린키피아》, 아이작 뉴턴, 휴머니스트출판그룹

《프린키피아Principia》로 부른다.

　과학혁명이란 16~17세기 근대과학이 태동하고 형성된 과정을 일컫는 말이다. 보통은 코페르니쿠스가《천구의 회전에 관하여》를 출판한 1543년부터 뉴턴이《프린키피아》를 출판한 1687년까지 150여 년을 그 기간으로 여긴다. 뉴턴 이전에 1609년 케플러가 행성운동의 법칙을 발표했고, 그와 동시대를 살았던 갈릴레이는 망원경으로 밤하늘을 관측했으며《대화》와《두 과학》을 통해 아리스토텔레스의 천체관 및 역학관을 무너뜨렸다. 비슷한 시기 영국의 프랜시스 베이컨Francis Bacon은 아리스토텔레스의 논리학을 비판하며 개별 사례에서 보편 지식을 얻는 귀납법을 새로운 지식 창출의 원동력으로 주창했다. 프랑스의 르네 데카르트René Descartes는 해석기하학의 창시자답게 수학에 토대를 둔 명징한 지식을 선호했고 방법론적 회의론을 새로운 사유 방식으로 제시했다. 이들은 모두 과학혁명에 크게 기여했다.

과학사에서 가장 중요한 책

뉴턴이《프린키피아》를 집필한 직접적인 동기는 핼리 혜성으로 유명한 천문학자 에드먼드 핼리Edmond Halley의 요청 때문이었다. 일화에 따르면 핼리는 1684년 8월 어느 날, 뉴턴에게 태양과 행성 사이에 거리의 제곱에 반비례하는 힘이 작용할 때 행성이 어떤 운동을 하게 되는지를 물었다. 뉴턴은 당연하다는 듯 심드렁

하게 타원궤도가 될 것이라고 대꾸했다. 그러고는 오래전에 그 계산을 했으나 노트를 찾을 수 없으니 다시 작업해서 주겠다고 약속했다. 그렇게 소논문으로 시작된 뉴턴의 작업은 《프린키피아》라는 역작으로 완성되었다.[7] 《프린키피아》 첫 쪽에는 핼리가 쓴 문구가 실려 있다.

"위대한 과학자 아이작 뉴턴의 손에서 태어나
우리 시대와 조국을 빛낸
수리물리학의 명저에 바치는 헌시"[8]

1686년 5월 8일자로 쓴 초판 서문에서는 뉴턴이 핼리에게 감사의 말을 전하면서 《프린키피아》를 집필하게 된 과정을 소개하고 있다.

"언젠가 내가 천체의 궤도를 계산한 결과물을 그(핼리)에게 보여 준 적이 있는데, 그는 당장 왕립학회에 발표하라면서 나를 다그쳤고, 그의 권유와 전폭적인 지원에 힘입어 결국 책을 집필하기로 마음먹게 되었다."[9]

7 《아이작 뉴턴》, 제임스 글릭, 승산
8 각주 5번, p.5
9 각주 5번, pp.10~11

뉴턴은 《프린키피아》를 라틴어로 썼다. 수학적으로 기술하는 방식도 대수적인 방법보다 기하학적인 논증을 주로 사용했다. 이는 사람들이 책을 쉽게 읽고 이렇다 저렇다 하는 이야기가 나오는 것을 꺼려했기 때문이라는 설이 있다. 《프린키피아》를 펼쳐보면 지금 우리가 보통 접할 수 있는 물리학 교과서와는 거리가 멀다.

한국어로도 번역돼 있으니 원저가 라틴어인 것은 아무런 문제가 되지 않는다. 다만 복잡한 기하학적 논증은 일반인들이 따라가기 쉽지 않을 것이다. 그럼에도 《프린키피아》를 필독서 중 하나로 선택한 것은 이 책이 과학사에서 가장 중요한 책이라고 할 수 있기 때문이다. 원전은 원전으로서의 가치와 '아우라'가 있다. 구체적인 내용을 이해하지 못하더라도 원전은 일단 '구경' 하는 것 자체에 의의가 있다.

《프린키피아》는 총 3권으로 이루어져 있다. 제1권은 《물체들의 움직임》, 제2권도 《물체들의 움직임》, 제3권은 《태양계의 구조》다. 1권과 2권의 제목이 같은 이유는 원래 같은 권에 있던 내용을 둘로 나눈 탓이다. 그러나 다루고 있는 내용은 전혀 다르다. 2권은 저항이 있는 공간에서의 물체 운동, 즉 유체역학에 해당하는 내용이다.

《프린키피아》는 1권에 앞서 여러 기본적인 개념들을 정의하는 것부터 시작한다. 첫 개념은 질량이다("물체의 질량이란 밀도와 부피를 곱한 것이다.").

질량 다음에는 운동량, 저항하는 힘, 구심력 등을 정의한다. 자신의 논의를 펼쳐나가기 위해 필요한 개념부터 명확히 정의하는 것이 인상적이다.

운동량은 어떤 물체의 속도와 질량의 곱으로 주어진다. 운동량은 뉴턴역학에서 아주 중요한 개념인데, 운동량의 시간에 대한 변화가 바로 힘이기 때문이다. 운동량은 질량과 속도의 곱으로 주어지는데, 만약 질량이 시간에 따라 변하지 않는다면 운동량의 시간에 대한 변화는 오직 속도의 시간에 대한 변화로만 주어진다. 속도의 시간에 대한 변화가 바로 가속도다. 따라서 이 경우 운동량의 시간에 대한 변화는 질량과 가속도의 곱으로 주어진다. 이것이 그 유명한 '$F=ma$'다. 구심력은 특히 《프린키피아》 전반에 걸쳐 행성의 운동과 중력의 개념을 정식화하는 데 매우 중요한 개념이다.

필요한 개념들을 정의한 뒤에는 운동의 법칙을 공리로 제시한다. 여기서 뉴턴의 세 가지 운동법칙이 제시된다. 제1법칙은 외력이 작용하지 않는 물체는 원래 운동 상태를 유지하는 경향이 있음을 뜻한다. 이것이 '관성의 법칙'이다. 제2법칙은 힘이 운동 상태의 변화에 비례한다는 내용으로, 운동량의 시간에 대한 변화, 즉 시간에 대한 미분이 힘임을 이야기한다. 이것이 '힘의 법칙' 또는 '가속도의 법칙'이다. 아리스토텔레스의 운동관에서는 힘이 있을 때 운동이 시작된다. 즉 힘이 물체의 속도에 비례한다. 그러나 뉴턴의 제2법칙에서는 힘이 물체의 속도가 아니라 운동 상태의 '변화'에 비례한다. 이는 질량이 일정한 경우 '속도의 변화'에 비례하게 된다. 따라서 뉴턴 역학에서는 힘이 속도가 아닌, 속도의 변화량인 가속도에 비례한다. 이것이 아리스토텔레스와 뉴턴의 결정적인 차이다. 제3법칙은 모든 작용에 크기가 같고 방향이 반대인 반작용이 있음을 주장한다. 이것이 '작용-반작용의 법칙'이다.

뉴턴이 정의한 새로운 명제들

이어지는 1권 1장에서는 미적분의 기본 개념을 다룬다. 특히 0으로 작아지는 두 양의 비율이 유한한 값을 가질 수 있음을 보인다. 이것이 바로 미분의 핵심이다. 2장은 구심력을 다룬다. 이 장의 정리1은 물체가 고정된 점을 중심으로 궤도운동을 할 때 그 회전반경이 쓸고 지나가는 면이 평면을 이루며, 그 넓이는 시간에 비례한다는 내용이다. 이 내용은 케플러가 발견한 '행성운동의 법칙' 중 '2법칙'(같은 시간에 행성이 태양 주변을 공전하면서 훑고 지나가는 넓이가 똑같다는 이른바 면적속도 일정의 법칙)과 맥을 같이 한다. 케플러는 관측 자료로부터 자신의 법칙을 계산으로 얻었지만 뉴턴은 기하학을 써서 일반적으로 정리1이 성립함을 보였다. 역으로 물체가 평면에서 한 점을 중심으로 곡선을 그리면서 움직일 때 그 물체가 훑고 지나가는 부채꼴의 넓이가 시간에 비례하면 그 물체는 중심에서 발휘되는 구심력의 영향을 받는다는 사실도 성립한다(명제2).

1권 3장의 첫째 법칙은 타원궤도를 도는 물체의 구심력이 타원의 초점을 향할 때 그 구심력이 거리의 제곱에 반비례한다는 내용을 담고 있다(명제11). 이것이 바로 '역제곱의 법칙Inverse Square Law'이다. 힘이 거리의 제곱에 반비례한다. 두 배 멀리 있으면 힘은 네 배 작아진다. 뉴턴은 이 결과가 포물선이나 쌍곡선 궤도에서도 적용됨을 보인다. 거꾸로 명제17에서는 구심력이 역제곱의 법칙을 만족할 때 물체의 궤적이 초기조건에 따라 타원이나 포물선, 또는 쌍곡선이 됨을 보인다. 그리고 명제15는 물체가 역제곱의 법칙을 만족하는 구심력에 의해 타원궤도를 돌 때 그 주기의 제곱이 장반경의 세제곱에 비례한다는 내용이다. 이는 정확히 케플러의 세 번째 행성운동 법칙이다.

1권에서 정립한 내용들은 3권에서 그대로 적용된다. 3권의 2장 '자연현상' 편에서는 우선 관측 자료들로부터 목성의 위성들과 토성의 위성들이 각각 목성과 토성에 대해 케플러의 제2 및 제3법칙을 만족함을 보인다. 또한 이 관계는 지구와 다섯 행성이 태양에 대해서도 똑같이 성립함을 보인다. 그렇다면 1권의 결과들로부터 목성의 위성들은 목성의 중심을 향해 역제곱의 법칙을 만족하는 힘을 받아야 한다. (이때 목성 위성들의 궤도가 원에 가까우므로 뉴턴은 1권에서 원 궤도에 대한 결과를 차용한다.) 이 사실은 토성의 위성들에 대해서도 마찬가지이며, 태양 주변을 도는 행성들에 대해서도 적용되고, 지구와 달 사이에도 성립한다.

이로부터 뉴턴은 목성과 목성의 위성, 토성과 토성의 위성, 태양과 행성 사이에 똑같은 원인이 작용했다고 주장한다. 그 원인이 바로 중력이다(명제5). 나아가 중력은 물체의 질량에 비례하며, 구형대칭의 질량 분포를 가진 두 물체 사이에 작용하는 힘은 두 구체의 거리의 제곱에 반비례한다고 정식화했다(명제8). 이는 실제 행성들 사이에 적용할 수 있는 명제다.

이 과정에서 뉴턴을 괴롭혔던 한 가지 문제가 있었다. 지구가 서울 종로에 있는 사과를 당긴다는 것은 지구를 구성하는 모든 요소, 서울의 땅뿐 아니라 지구 반대편에 있는 브라질 땅과 주변의 바다, 그 아래 모든 물질이 종로의 사과를 당긴다는 뜻이다. 저 멀리 알프스와 에베레스트산도 마찬가지로 종로의 사과를 당기고 있다. 이들 각 요소는 모두 거리의 제곱에 반비례하는 힘으로 사과를 끌어당긴다. (사과도 마찬가지로 이들 각 요소를 당기고 있다.) 그렇다면 이렇게 종로의 사과를 당기는 지구의 모든 요소를 다 더했을 때 지구 전체가 사과를 당기는 힘도 지구 중심으로부터 거리의 제곱에 반비례할까? 이는 간단치 않은 문제다.

뉴턴은 이렇게 적고 있다.

"나는 이 문제로 한동안 고민하다가 1권의 명제75, 76과 부가정리 덕분에 역제곱법칙이 항상 성립한다는 것을 확인할 수 있었다."(본문 737쪽)

1권의 명제75는 이렇다.

"구체의 모든 점이 거리의 제곱에 반비례하는 구심력을 행사하고 있을 때, 이 구체는 또 다른 균일한 구체를 '두 구체의 중심 사이 거리의 제곱'에 반비례하는 힘으로 잡아당긴다."(본문 379쪽)

명제76은 구체가 균일하지 않더라도 구형대칭의 분포를 이룬다면 위 사실이 성립한다는 내용이다. 명제75와 76은 구체를 형성하는 작은 요소들이 모두 "역제곱법칙을 만족한다면" 성립하는 명제들이다. 그런데 뉴턴은 명제8 바로 앞에서 명제7의 부가정리2를 통해 "물체를 구성하는 각 입자(동일한 입자)들이 발휘하는 중력은 입자와 물체 사이의 거리의 제곱에 반비례한다."고 확인해 두었다. 따라서 이 내용과 명제75 및 76을 결합하면 명제8의 결론을 얻게 된다.

그리고 조수현상은 태양과 달의 중력 때문에 발생하는 현상이라고 정확하게 적시했다(명제24). 갈릴레이가 《대화》에서 실패했던 기획을 뉴턴이 성공시킨 것이다. 나아가 혜성 또한 케플러의 법칙을 만족하며 타원궤도를 돈다고 밝혔다. 이런 식으로 뉴턴은 자신의 새로운 명제들로부터 당대의 천체 관측 결과를 대부분 성공적으로 설명할 수 있었다.

그렇다면 뉴턴은 왜 2권에서 유체처럼 저항이 있는 상황에서의 물체의 움직임을 기술했을까? 그 이유는 데카르트가 주창했던 이른바 '소용돌이 이론' 때문이었다. 소용돌이 이론이란 우주를 가득 채운 에테르라는 물질이 소용돌이치고 있고, 그 속에서 행성들이 소용돌이에 휘말려 궤도운동을 한다는 이론이다. 뉴턴은 소용돌이 이론으로는 케플러의 법칙과 같은 관측 결과를 설명할 수 없음을 논증하기 위해 2권을 할애해 유체 속에서의 물체의 운동을 기술한 것이다. 뉴턴은 3권의 4장 '일반적 설명'의 전반부에 이점을 명확히 하고 있다. 즉 행성이 공전하면서 훑고 지나가는 넓이가 시간에 비례하려면 그 주변의 소용돌이의 주기는 태양과의 거리에 비례해야 한다.

그런데 케플러의 제3법칙에 따르면 행성의 주기는 태양과의 거리의 3분의 2제곱에 비례한다. 그렇다면 그 소용돌이의 주기도 거리의 3분의 2제곱일 것이므로 모순이 생긴다. 이심률이 매우 큰 타원궤도를 도는 혜성의 운동도 원운동에 기초한 소용돌이 이론으로 설명하기 어렵다. 무엇보다 많은 행성과 그 위성들이 각각 그에 상응하는 소용돌이를 갖고 있어야 하는데, 이들이 서로 뒤엉키지 않고 오랜 세월 안정적인 궤도를 유지하고 있다는 게 상식적으로 말이 되지 않는다. 이런 내용은 케임브리지 대학 석좌교수인 로저 코츠Roger Cotes가 쓴 2판 편집자 서문에도 잘 나와 있다. 그러니까《프린키피아》는 뉴턴의 운동법칙과 만유인력의 법칙을 정립하면서 그때까지 통용되던 소용돌이 이론을 완전히 퇴출시켜 버린 것이다.

과학혁명을 완성한 역작

《프린키피아》는 뉴턴역학 또는 고전역학을 정립함으로써 과학혁명을 완성했다는 데 큰 의의가 있다. 뉴턴의 성공 스토리는 다른 영역으로도 퍼져나갔다. 이후 앙투안 로랑 드 라부아지에Antoine-Laurent de Lavoisier가 이끈 화학혁명도 뉴턴주의에 큰 영향을 받았다. 프랑스에서는 과학뿐만 아니라 계몽주의 사조가 성립하는 데에도 뉴턴주의에 큰 영향을 받았다. '과학계뿐'이라는 말은 이후에 등장했지만 뉴턴이《프린키피아》에서 '자연철학'을 그 '수학적 원리'에 따라 다루는 방식이 크게 유행하게 되었고 전방위적으로 퍼져나갔다. 이런 의미에서《프린키피아》는 인류의 역사를 바꾸는 데 결정적으로 기여한 책 중 하나임이 분명하다.

뉴턴의《프린키피아》가 얼마나 위대한 저작인지는 후대에도 여러 과학자들에 의해 입증되고 있다. 저명한 천체물리학자이자 노벨상 수상자인 인도 출신의 수브라마니안 찬드라세카르Subrahmanyan Chandrasekhar는《프린키피아》에 대해 이렇게 말했다.

"지난해 내내 저는 명제를 하나하나 자세히 살피면서 직접 증명을 해보고 나서 이 결과를 뉴턴의 증명과 비교했습니다. 어떤 명제든지 간에 뉴턴의 증명은 놀라우리만치 간결합니다. 쓸데없는 단어는 단 하나도 없습니다. 문체는 위엄에 넘치고, 책 전반에 넘치는 통찰은 마치 신의 머릿속에서 흘러나온 듯합니다."[10]

같이 읽으면 좋은 책 《뉴턴의 프린키피아》, 안상현, 동아시아
《아이작 뉴턴》, 제임스 글릭, 승산

---

10 《뉴턴의 시계》, 에드워드 돌닉, 책과 함께, p.380

—(((**7**)))—

페스트와 대화재, 신의 저주가 가득한
17세기로의 시간여행

●━ⱮⱮ━●

《뉴턴의 시계》

The Clockwork Universe

에드워드 돌닉 Edward Dolnick

미국의 일간지 <보스턴 글로브>에서 과학 수석 기자로 활동했으며 <애틀랜틱>
<뉴욕 타임스 매거진> <워싱턴 포스트> 등에 기고했다. 오슬로 국립미술관에서 도
난당한 에드바르트 뭉크의 《절규》를 둘러싼 예술 범죄의 세계를 그린 소설 《사라진
명화들The Rescue Artist》로 2006년 에드거상을 수상했다.

2011년에 출간된《뉴턴의 시계》는 1600년대 영국을 중심으로
벌어지는 과학혁명기의 다양한 사회상을 생생하게 보여주는 저
작이다. 원제를 우리말로 옮기자면 '시계장치 우주' 정도가 적절
할 것이다.

17세기가 과학혁명의 세기이기는 했으나, 이성과 과학이 모

든 것을 지배했던 시대는 당연히 아니었다. 우선 1600년에는 도미니코 수도회 수도사인 이탈리아의 조르다노 브루노가 이단으로 몰려 로마의 캄포 데 피오리 광장에서 화형당하는 일이 있었다. 브루노는 태양중심설과 무한우주설을 주장하다 1593년 종교재판을 받았다. 코페르니쿠스가 《천구의 회전에 관하여》를 출간한 1543년으로부터 50년이 지난 때였다. 17세기를 이해하기 위해서는 여전히 신의 존재를 빼놓을 수 없다.

이 책의 장점은 당시의 시대상을 아주 자세하고도 생생하게 묘사하고 있다는 점이다. 보통의 대중과학서에서는 과학자들의 과학 활동과 그 업적을 중심으로 설명하기 때문에 그 과학자들이 어떤 환경과 사회적 배경에서 일상을 살았는지 알기 어렵다. 《뉴턴의 시계》는 총 3부로 이루어져 있는데, 제1부 '혼돈'에서는 바로 이 17세기의 시대상이 세세하게 묘사된다.

17세기의 눈으로 과학을 바라보다

17세기를 관통하는 키워드는 신에 의한 세상의 종말이었다. "신은 구원자가 아니라 인류에게 재앙을 주는 존재이자, 지옥과 고통을 만들어 인간들을 그 속에 가둔 권력자로 그려졌다."(본문 30쪽) 따라서 "종교는 위안보다 저주에 더욱 초점을 맞추"었고 "과학자와 지식인들조차도 신에 대한 두려움이 사고의 기본 틀을 형성했다."(본문 29쪽) 한마디로 말해, "17세기는 문자 그대로 신

을 두려워하는 시대였다."(본문 28쪽)

17세기에 과학혁명이 어쨌든 형식적으로 완성되었지만 그렇다고 해서 세상이 한순간에 모두 다 바뀌지는 않았다. 세상이 바뀌는 것은 보통의 일상을 사는 사람들의 습관과 문화와 인식이 모두 바뀌는 것이다. 그러려면 구시대와 신시대가 어떤 형태로든 공존할 수밖에 없다. 17세기가 그랬다. "17세기는 자연법칙을 철저히 따르며 시계처럼 작동하는 우주를 믿었지만, 또 한편으로는 세상에 내려와 기적을 행하고 죄인을 벌하는 신을 믿었다."(본문 38~39쪽)

하필 이 무렵 핏빛으로 불타는 혜성이 유럽과 영국의 하늘을 가로질렀다. 혜성은 평화롭고 완벽한 천상의 질서를 깨뜨리는 무법자였다. 불길한 징조들도 잇달았다. "집 안에 파리 떼가 들끓었고 개미들이 길을 새카맣게 뒤덮었으며 개구리들이 도랑에서 득실거렸다."(본문 38쪽) 종말의 시기가 언제인지 알아내는 것이 당대 지식인 또는 과학자들의 큰 관심사였고 임무였다. 종말의 열쇠는 당연하게도 성경에 있을 것이라 여겼기 때문에 많은 이들이 성경을 탐독했다. 뉴턴도 예외가 아니었다. "뉴턴은 중력 이론에 바친 시간보다 훨씬 많은 시간을 바쳐 솔로몬의 성전에 숨겨진 메시지라든가 묵시록의 예언들을 후대의 전쟁과 혁명과 맞추어보려고 시도했다."

신의 저주가 가장 확실하게 모습을 드러내는 것은 전염병이나 화재 같은 재난을 통해서였다. 하필 1650년대와 1660년대에 흑사병이 유럽을 휩쓸었다. 영국에서는 1665년 본격적으로 흑사병이 퍼지기 시작했다. 당시에는 당연히 병의 정체도 원인도 알지 못했다. 8월 한 주에만 수천 명이 죽었다. "당국은 모든 개와 고양이의 즉각적인 살해를 요구했다. (중략) 그 결과 쥐들의 개체수가 급속히 증가했다."(본문 47쪽) 사람들은 런던을 떠나기 시작했다. 왕가도 예외는 아니었다. 케임브리지 대학은 1665년 6월 대학을 폐쇄했다.

이때 뉴턴은 시골집으로 돌아가서 1667년까지 18개월 동안 집에서 머물렀는데, 이 시기에 뉴턴은 미적분과 운동의 법칙과 중력(진위가 불분명하지만 그 유명한 사과 일화도 이때의 일이다)과 광학에서 중요한 발견을 하게 된다. 그래서 1666년을 '뉴턴 기적의 해annus mirabilis'라 부른다. 뉴턴의 나이 겨우 스물세 살 때였다. 뉴턴 기적의 해가 시작된 계기가 케임브리지 야외시장에서 구입한 점성술 책과 유리 프리즘이었다는 점도 흥미롭다(본문 278쪽). 그러나 신의 저주가 전염병만으로는 부족했는지, 뉴턴 기적의 해인 1666년에 런던에서는 큰 화재가 나서 수많은 건물이 잿더미로 변했다. 전염병과 대화재가 휩쓸고 지나간 날들이 누군가에겐 기적의 해였다는 사실이 참으로 역설적이다.

그 시절을 이해하기 위해 알아야 할 또 하나의 시대 상황이 있다. "그 무렵은 일상생활에서든 과학에서든 비정한 시대였다. 약

점이 있는 사람은 동정을 받는 게 아니라 조롱을 당했다. 눈이 멀거나 귀가 멀거나 발이 기형이거나 다리가 뒤틀린 사람은 하느님이 버린 자들이었다. 오락은 종종 잔인했고 처벌은 예외 없이 야만적이었으며 과학 실험도 때로는 섬뜩했다."(본문 107쪽) 이런 야만적인 사회상은 일상에 그대로 스며들었다. 예를 들면 "적잖은 상점들이 몰려 있던 런던교는 첨탑에 꽂힌 반역자들의 머리들로 수 세기 동안 장식되어 있었다. 엘리자베스 여왕 시절에 런던교의 남쪽 문에는 약 서른 개의 머리가 옹기종기 달려 있었다."(본문 109쪽)

이런 분위기는 최초의 공식적인 과학단체였던 런던의 왕립학회Royal Society도 피해가지 않았다. 1660년 창립한 왕립학회는 명칭과는 달리 왕실의 지원이 전혀 없었다. 회원 다수는 아마추어였으며 느슨하게 비조직적이었고 이론보다 실험 위주로 운영되었다. 이에 반해 1666년 설립된 프랑스 과학아카데미Academie des Sciences는 정부의 재정 지원을 받는 국가 식성 연구소로 소수 정예의 전문 과학자 중심으로 운영되었다. 따라서 매우 조직적이고 체계적이었으며 이론과 수학에서 강세를 보였다. 뉴턴 역학을 훗날 수학적으로 세련되게 발전시킨 주역은 프랑스였다.

경험과 실험 위주의 런던 왕립학회의 경우 "회의는 그야말로 뒤죽박죽이었다. 천재와 괴짜 내지 협잡꾼이 뒤섞여 있었기 때문이다."(본문 78쪽) 또한 "왕립학회의 초창기 회의는 아주 똑똑하지만 천방지축인 보이스카우트 집단의 모임 같았다."(본문 86쪽) 기체에 관한 보일의 법칙으로 유명한 로버트 보일Robert Boyle은 백내장 치료법이 "인분을 말려서 빻은 뒤에 환자의 눈에 붙어넣어주는 것"이라 믿었다. 대부분의 실험은 그저 볼거리 쇼에 가까웠고 그중에서도 수혈이 인기를 끌었다. 연금술은 옛날의 마법과 첨단의 과학이 만나는 곳으로, 당대 웬만한 지식인들은 연금술에 어느 정도 일가견이 있었다. 뉴턴도 그랬다. 그는 연금술에 매우 열정적이었는데, 수십 년 동안 연금술에 몰두했고 50만자에 이르는 방대한 노트를 기록하기도 했다. 이런 맥락에서 뉴턴은 "마지막 바빌로니아인이자 수메르인이었으며, 1만 년 전에 지적인 활동을 시작한 이들과 동일한 눈으로 이 세계를 바라본 최후의 위대한 인물"(본문 84쪽)이었다.

시대를 앞서간 혁명의 과학자들

이런 시대적 상황 속에서도 역사를 새로 개척한 거인들은 뚜벅뚜벅 자신의 길을 걸어나갔다. 제2부 '희망과 괴물'에서는 시대를 앞서간 거인들의 발자취를 따라간다. 특히 동시대를 살았던 갈릴레이와 케플러를 상세하게 소개한다. 이들의 분투는 이들 이전의 2천 년 서구 사회를 지배했던 아리스토텔레스의 세계관을 부수는 과정이기도 했다.

브루노가 화형당했던 해인 1600년 1월, 케플러는 당대 최고의 천문학자였던 튀코 브라헤Tycho Brahe의 조수로 들어가 브라헤가 관측한 자료의 수학적 해석을 도왔다. 바로 이듬해에 브라헤가 갑자기 사망하면서 케플러는 브라헤의 자료를 넘겨받아 그 속에 담긴 비밀을 파헤치기 시작했다. 오랜 세월에 걸친 분석과 계산 끝에 마침내 케플러는 행성운동에 관한 세 가지 법칙, 즉 '케플러의 법칙'을 발견했다. 케플러의 법칙에 따르면 첫째, 행성은 태양을 하나의 초점으로 하는 타원궤도로 태양 주위를 공전한다. 둘째, 행성이 같은 시간에 훑고 지나가는 공전면의 넓이는 항상 일정하다. 셋째, 행성의 공전주기의 제곱은 공전궤도의 장반경의 세제곱에 비례한다.

갈릴레이는 망원경이라는 광학기구로 밤하늘을 관측한 첫 세대 과학자들 중 한 명이었다. 망원경으로 관측한 달 표면에는 지구처럼 산과 계곡, 움푹 팬 구덩이 등이 보였다. 달은 더 이상 천상의 완벽하고 매끈한 수정구 같은 천체가 아니었다. 또한 갈릴레이는 은하수가 별들의 집합이며 목성에 네 개의 위성이 있음을 새로 발견했고, 태양의 흑점도 관측했으며, 금성의 모양이 달처럼 변한다는 사실도 알아냈다. 이 모든 결과는 코페르니쿠스의 태양중심설을 옹호하고 있었다.

또한 갈릴레이는 운동학에서도 아리스토텔레스를 무너뜨렸다. 즉 외부에서 힘이 작용하지 않아도 물체가 계속 움직일 수 있다는 관성의 법칙을 발견했고, 무게가 다른 물체가 똑같이 낙하함을 보였다. 특히 낙하하는 물체의 이동거리는 걸린 시간의 제곱에 비례한다는 정량적인 관계를 확립했다. 이로부터 비스듬히 던진 투사체의 궤적이 포물선임을 알 수 있었다.

이들이 성공적으로 천체와 운동의 신비를 밝혀낼 수 있었던 데에는 수학의 힘이 컸다. 수학은 또한 추상화의 작업이기도 하다. 갈릴레이는 현실의 운동에서 마찰을 제거하는 추상화 과정을 통해 운동법칙의 비밀에 다가갈 수 있었다. 또한 아리스토텔레스의 목적론적인 세계관을 버리고 운동의 '어떻게'라는 점에 집중하는 실용적인 방식으로 큰 성공을 거두었다.

이들의 이런 접근법은 다음 세대인 뉴턴에 이르러 '대박'을 터뜨렸다. 제3부 '빛 속으로'는 뉴턴이 어떻게 미적분과 중력의 법칙을 발견했는지, 그 내용들이 《프린키피아》에 어떻게 담겼는지, 그리고 《프린키피아》가 어떤 과정을 거쳐 완성되었으며 그 영향력과 가치는 무엇인지를 다루고 있다. 더불어 미적분의 발견을 두고 뉴턴과 기여도 다툼을 벌였던 독일의 고트프리트 라이프니츠Gottfried Wilhelm Leibniz의 생애와 업적도 나란히 소개하고 있다.

사회적 환경과 역사적 배경 속의 과학자들

《프린키피아》의 대성공은 뉴턴에게는 역설이었다. 독실한 신앙인이었던 뉴턴은 자신의 연구 결과가 신의 위대함을 증명하길 바랐다. "뉴턴이 행한 모든 연구는 인간을 더욱 신실하고 독실하게 만들려는 의도였다. 즉 사람들이 신의 창조라는 위업에 더 큰 경의를 표하게 만들기 위함이었다."(본문 369쪽) 그러나 뉴턴의《프린키피아》가 제시한 세계관은 뉴턴의 바람과는 정반대로 우주가 정교하게 움직이는 일종의 시계와도 같다는 것을 증명했다. 많은 사람들이 그렇게 받아들였다. 지상의 사과뿐 아니라 천상의 달과 모든 행성은 뉴턴이 발견한 만유인력의 법칙에 따라 한 치의 흐트러짐도 없이 움직였다. 자연의 보편법칙이란 그렇게 무서운 것이었다. 이렇게 되면 이 우주에서 신이 설 자리는 줄어들 수밖에 없다.

'뉴턴의 시계'라는 제목은 뉴턴의 기획과 결과가 모순되는(물론 뉴턴은 시계장치 우주 속에서도 나름대로 신의 존재를 열렬히 옹호하고 있기는 하다.) 양상을 잘 포착한 표현이다. 그 여정에서 17세기의 수많은 천재들이 벌이는 지적 무협활극을 이 책은 현란하게 펼쳐놓고 있다. 때로는 약간의 산수와 도표와 그래프가 있어서 다소간의 지적 고통이 따를 수도 있을 것이다. 그러나 본문 내용을 충실히 따라간다면 초보자라도 그 모든 숫자와 도표와 그래프가 어떤 의미인지 쉽게 알 수 있다. 또한 이런 사례들을 통해 숫자와 도표와 그래프를 '해독'하는 방법도 터득할 수 있을 것이다. 무엇보다 이들 이야기는 당대의 사회적 환경과 역사적인 배경이 삭제된 삭막한 흰색 바탕 위에서만 펼쳐져 있지 않다. 과학

자와 이들의 연구 과정과 성과들이 생생하면서도 세밀한 당시
의 현실을 바탕으로 밀도 있게 그려지고 있다는 점이 이 책이 가
진 가장 큰 매력이자 미덕이다. 교양과학서를 읽는 재미와 기쁨
을 마음껏 느낄 수 있는 책이다.

같이 읽으면 좋은 책 《뉴턴과 화폐위조범》, 토머스 레벤슨, 뿌리와이파리
《뉴턴의 물리학과 힘: 17세기의 동역학》, 리처드 샘 웨스트펄, 한국문화사

8

눈에 보이는
세상을 넘어

《볼츠만의 원자》

Boltzmann's Atom

데이비드 린들리 David Lindley
케임브리지 대학에서 이론물리학을, 서식스 대학에서 천체물리학으로 박사학위를
받았다. 케임브리지 대학과 시카고 근교 페르미 국립가속연구소에서 이론천문물리
학자로 활동하다가 글을 쓰기 시작했다. <네이처> <사이언스> <사이언스 뉴스>의
편집자로 활동했으며 <워싱턴 포스트> <뉴욕 타임스> <뉴 사이언티스트> <런던 서
평>에 글을 게재하기도 했다. 린들리는 물리학에 대한 지식뿐 아니라 일반인이 이해
할 수 있도록 재치 있고 재미있는 과학교양서를 쓰는 저자로 유명하다.

"19세기 후반에 볼츠만이 경험했던 삶의 성공과 좌절은 기체운
동론 자체의 변화무쌍했던 성공이나 좌절과 정확하게 일치했
다."(본문 35쪽)

《볼츠만의 원자》는 19세기의 위대한 물리학자인 루트비히 볼츠

만Ludwig Boltzmann의 생애를 통해 당시 새로운 물리학이었던 통계역학이 성립되는 과정과 원자론이 어떻게 수용되었는지를 조망하는 책이다.

1844년 오스트리아 출신의 볼츠만은 빈 대학에서 수학과 물리학을 전공했으며 1866년에 박사학위를 받았다. 현대적인 통계역학을 정립하는 데 크게 공헌했으며, 이 과정에서 원자와 분자의 존재를 명확히 했다. 이런 미시적인 관점에서 볼츠만은 열역학 제2법칙을 재해석했으며 엔트로피entropy를 미시적으로 정의할 수 있었다. 이 정의에 들어가는 상수가 볼츠만 상수(k_B)다. 볼츠만 상수는 입자들의 열적 에너지를 온도와 연결 짓는 자연의 근본 상수다. 그러니까 볼츠만 상수의 존재 자체가 '온도'라는 개념을 어떤 입자들의 열적 에너지로 등치시키는 셈이다. 여기에 기체의 열 현상을 기체 분자들의 운동론으로 설명하려는 핵심 관점이 잘 녹아 있다. 아마도 과학자들의 궁극적인 로망은 노벨상을 받는 것보다 자신의 이름이 붙은 방정식이나 자연상수를 발견하는 게 아닐까? 자연상수는 그 자체가 자연의 근본적인 질서를 담고 있으니 말이다.

기체분자운동론의 대두와 본격적인 연구

기체의 열역학적 성질을 입자들의 운동으로 설명하려는 시도는 1783년 스위스의 다니엘 베르누이Daniel Bernoulli까지 거슬러 올라간다. 베르누이는 기체가 수많은 분자로 이루어져 있고 이들의 운동이 표면에 미치는 효과를 기체의 압력으로 연결 지었다. 19세기에 접어들어 영국의 무명 아마추어 과학자이자 기술자였던 존 헤라패스John Herapath(1816)와 역시 아마추어 과학자이자 기술자, 그리고 교사로 활동했던 존 워터스톤John Waterston(1845)도 비슷한 주장을 논문으로 제출했다. 워터스톤도 기체의 압력을 입자들의 충돌로 설명했고, 또한 입자들의 운동에너지를 온도와 연결시켰다. 그러나 런던 왕립학회에서는 게재를 거부했다. 계산이나 증명이 온전하지 못했기 때문이다. 이처럼 기체의 열역학적 현상을 수많은 분자 운동으로 이해하는 이론을 기체(분자)운동론이라 한다.

기체분자운동론이 각광받기 시작한 것은 1857년 독일의 수학자이자 물리학자였던 루돌프 클라우지우스Rudolf Clausius가《열이라고 부르는 운동On the mechanical theory of heat》을 발표한 뒤였다. 클라우지우스도 이 책에서 기체가 작은 입자들로 구성돼 있고 이 입자들의 운동으로 기체의 압력이나 온도를 설명하고 있다. 기체의 온도는 입자들의 평균 운동에너지에 해당한다.

클라우지우스의 이론을 접한 영국의 제임스 맥스웰James Maxwell은 1860년 기체분자운동론을 한 단계 발전시켰다. 맥스웰은 19세기의 뉴턴이라 불릴 정도로 이 시기를 대표하는 과학자였다. 그는 열네 살에 수학 논문을 쓸 정도로 수학적 재능이 탁월했다. 맥스웰은 기체 분자의 평균속력에 머물지 않고, 이들이 열적 평형 상태에 있을 때 아예 입자들이 가질 수 있는 속력에 대한 분포함수를 발견했다. 이 분포함수는 기체분자의 속력의 제곱에 대한 정규분포였다. 정규분포곡선은 평균을 중심으로 확률변수가 집중돼 있고 그로부터 멀어질수록 함수가 기하급수적으로 급격하게 줄어드는 좌우대칭의 종 모양을 이룬다. 어쨌든 '분포함수'가 있으면 속력의 평균이나 압력 등도 쉽게 구할 수 있다. 맥스웰의 분포함수는 물리학에서 최초의 통계적인 법칙이라 할 수 있다. 기체는 수많은 분자로 이루어져 있어서 그 모든 입자의 개별적인 움직임을 하나하나 따라가면서 그 운동을 기술한다는 것은 불가능에 가깝다. 그러나 맥스웰의 방식처럼 확률적인 분포함수를 도입해 통계적으로 이해하는 것은 얼마든지 가능하다.

맥스웰의 이론을 더욱 확고히 하고 일반화한 것이 바로 볼츠만이다. 만약 분자운동론에 기초한 맥스웰의 이론이 옳다면 중력장 속에 놓인 지구 대기의 높이에 따른 압력의 변화를 올바르게 설명해야만 할 것이다. 볼츠만은 맥스웰의 이론이 정말로 높이에 따른 압력의 변화를 제대로 설명하고 있음을 보였다. 또한 맥스웰의 분포함수를 분자들의 운동에너지가 아닌 일반적인 에너지를 가지는 경우까지 확장했다. 이런 까닭에 그 결과로 나온 분자들의 속력분포를 '맥스웰-볼츠만 분포'라 부른다.

볼츠만, 엔트로피의 개념을 재정립하다

볼츠만의 가장 대표적이면서 위대한 업적은 열역학 제2법칙과 관련된 엔트로피라는 개념을 미시적으로 정의했다는 점이다. 엔트로피는 클라우지우스가 1865년에 정의한 개념이다. 그렇다면 열역학 제2법칙이란 무엇일까? 고립계(에너지도 드나들 수 없는 계)의 엔트로피는 결코 감소하지 않는다는 법칙이다. 어떤 물리계가 특정한 온도로 열적인 평형상태에 이르렀을 때, 그 계의 엔트로피의 변화량은 그 계에 투입된 열량의 변화를 그 계의 온도로 나눈 값과 같다.

엔트로피란 간단히 말해 역학적인 일을 할 수 없는 열량과 관련된 양이다. 엔트로피가 크다는 것은 그 계로부터 유용하게 쓸수 있는, 즉 역학적인 일을 할 수 있는 에너지가 적다는 뜻이다. 예를 들어 온도가 다른 두 물체를 접촉시키면 오랜 시간이 지났을 때 두 물체의 온도가 같아진다. 이때는 두 물체 전체의 에너지가 충분히 골고루 뒤섞이게 되어 역학적인 일을 할 수 있는 유용한 에너지를 뽑아낼 수가 없게 된다. 이런 상태에서는 엔트로피가 최대다.

엔트로피와 관련된 열역학 제2법칙을 말하기 전에 먼저 열역학 제1법칙부터 알아보자. 열역학 제1법칙이란 닫힌계(에너지는 드나들 수 있으나 물질은 드나들 수 없는 계)의 내부에너지의 변화는 그 계에 공급된 열량과 그 계가 주변에 해준 역학적인 일의 차이와 같다는 법칙이다. 외부에서 닫힌계에 열량을 공급하면 그 계의 내부에너지는 증가하고, 그 계가 외부에 역학적인 일을 하면 그 계의 내부에너지는 그만큼 줄어들 것이다. 이것이 제1법칙이 하는 말이다.

열역학 제1법칙은 에너지보존법칙의 일종이다. 에너지는 그 형태가 열이든 역학적인 일이든 다른 형태로 바뀔 수 있지만 갑자기 사라지거나 생성되지 않는다. 엔진처럼 열을 역학적인 일로 바꿀 수 있는 장치를 열기관이라 한다. 열기관은 외부에서 열량을 공급받아 내부에너지를 증가시키고, 내부에너지를 역학적인 일로 바꾼다. 따라서 열기관이 역학적인 일을 하면 내부에너지를 계속 소모하게 된다. 만약 외부에서 추가로 계속 열량을 공급하지 않으면 열기관은 역학적인 일을 할 수 없다. 이는 곧 외부에서 에너지 공급이 없는 영구기관은 불가능하다는 말과도 같다. 또한 열역학 제1법칙은 열을 에너지와 등가로 인식했다는 점에서도 주목할 만하다.

열역학 제2법칙은 고립계에서 엔트로피가 결코 감소하지 않는다는 법칙이다. 제2법칙은 물리 현상의 방향성을 정해주는 법칙이다. 가장 간단한 예로 열은 언제나 높은 온도에서 낮은 온도로 흐른다. 왜 그럴까? 반대 현상이 일어나더라도 에너지보존법칙이 무너지지 않는다. 일상에서 너무나 흔하게 겪는 이 현상은 볼츠만을 괴롭혔고 맥스웰을 기체분자운동론에서 멀어지게 만들었다.

만약 열이 반대로 흐른다면 어떻게 될까? 아이스 아메리카노를 만들기 위해 뜨거운 커피에 얼음을 집어넣었는데 얼음이 더 차가워지고 뜨거운 커피는 더 뜨거워지는 놀라운 일이 벌어질 것이다. 날이 추워 보일러를 돌릴 때도 마찬가지다. 바닥 아래 배관 속 뜨거운 물로부터 차가운 바닥으로 열이 전해지지 않고 바닥은 더 차가워지며 뜨거운 물은 더 뜨거워질 것이다. 만약 열이 반대 방향으로 흐른다면 우리는 난방을 위해 바닥 배관 속에 매우 차가운 물을 돌려야 할 것이다.

이런 일이 일어나지 않는 것은 열역학 제2법칙 때문이다. 뜨거운 커피와 얼음이 만났을 때 전체 시스템이 열적 평형 상태가 돼야 엔트로피가 최대가 된다. 볼츠만은 제2법칙을 미시적인 관점에서 재해석했다. 1877년 볼츠만은 어떤 계가 가질 수 있는 미시적인 상태의 수를 이용해 엔트로피를 새롭게 정의했다. 식으로는 아주 간단하게 다음과 같이 쓸 수 있다.

$$S = k_B \log \Omega$$

여기서 S는 엔트로피, Ω는 계의 미시적인 상태의 수, 그리고 k_B는 볼츠만 상수다. 즉 미시적인 상태의 경우의 수가 많을수록 엔트로피가 크다. 비빔밥을 예로 들어보자. 처음 비빔밥이 나올 때는 밥과 나물과 고기와 달걀과 고추장과 참기름이 각각 그릇 속 정해진 위치에 놓여 있다. 이들 구성요소의 분자들이 가지런히 자기 위치에 있는 경우의 수보다, 그릇 속 임의의 위치에 골고루 분포할 경우의 수가 압도적으로 많을 것이다. 따라서 비빔밥을 뒤섞으면 (또는 옛날 도시락 밥통처럼 뚜껑을 닫고 열심히 흔들면) 비빔밥을 구성하는 요소들이 한데 어우러져 모두 골고루 뒤섞이게 된다. 완전한 평형상태가 되는 것이다. 이때의 엔트로피가 가장 높다. 따라서 그 이후에는 아무리 비빔밥을 뒤섞어도 밥과 나물과 고기와 달걀과 고추장과 참기름이 처음 상태처럼 완전하게 분리된 상태로 돌아가지 않는다. 그 경우의 수가 너무나 적기 때문이다(따라서 엔트로피가 극히 낮다). 얼음이 뜨거운 커피를 차갑게 만들고 뜨거운 물이 차가운 방바닥을 데우는 것도 같은 이치다.

가능한 경우의 수가 많다는 것은 일상적인 용어로 무질서하다고 말할 수 있다. 반대로 가능한 경우의 수가 적다는 것은 질서가 잡혀 있는 상태다. 처음 비빔밥이 나왔을 때는 모든 요소가 질서정연하게 분리돼 있지만 이를 뒤섞으면 아주 무질서한 상태로 변한다. 그래서 엔트로피를 어떤 계의 무질서한 정도라고 표현하기도 한다.

맥스웰과 볼츠만이 수많은 미시적인 입자에 통계와 확률의 방법을 적용해 열현상을 설명한 것은 당연하게도 분자와 원자의 존재를 상정하고 있었다. 사실 맥스웰과 볼츠만 이전에 19세기 초 영국의 존 돌턴John Dalton이 이미 원자론을 도입해 화학 현상을 잘 설명하기도 했다. 그러나 당대 다수의 과학자들은 원자론을 받아들이지 않았다. 특히 오스트리아의 물리학자 에른스트 마흐Ernst Mach는 과학이란 직접적으로 측정할 수 있는 요소들만 그 대상으로 삼아야 한다고 강력하게 주장했다. 열현상을 설명할 때 거시적으로 측정할 수 있는 온도나 압력, 부피 등의 물리량만 사용해야지 실험적으로 검증할 수도 없는 원자나 분자를 도입하는 것은 과학이 아니라는 것이 마흐의 주장이 마흐주의의 요점이었다.

마흐주의는 당시 많은 과학자들에게 큰 공감을 불러일으켰다. 심지어 아인슈타인도 상대성이론을 설명할 때 시계나 자 등을 자주 도입했고 독일의 이론물리학자 베르너 하이젠베르크Werner Heisenberg는 원자에서 오직 관측 가능한 빛의 스펙트럼만 가지고 새로운 역학체계를 수립했다. 이 또한 마흐주의의 영향이라 할 수 있다. 원자론이 완전히 인정받은 것은 1905년 아인슈타인이 원자론의 관점에서 브라운운동을 설명하는 논문을 발표하고, 이후 프랑스의 물리화학자 장 페랭Jean Perrin이 이를 실험적으로 검증한 뒤였다.

주류에서 환대받지 못한 볼츠만은 극심한 고립감에 힘들어했다. 신경쇠약과 조울증에 시달리던 볼츠만은 1906년 스스로 생

을 마감했다. 그의 묘지에는 엔트로피에 대한 그의 공식이 새겨
져 있다.

같이 읽으면 좋은 책 《세상에서 가장 쉬운 과학 수업: 브라운 운동》, 정완상, 성림원북스
《열역학》, 스티븐 베리, 김영사
《클라우지우스가 들려주는 엔트로피 이야기》, 곽영직, 자음과 모음

20세기 과학혁명의 기수,
상대성이론

《상대성의 특수이론과 일반이론》

Relativity: The Special and General Theory

알베르트 아인슈타인 Albert Einstein, 1879~1955

1879년 3월 14일 독일 울름에서 태어났다. 성적 부진으로 김나지움을 졸업하지 못했고, 스위스에서 독학으로 다시 공부를 시작했으나 취리히 연방공과대학에도 낙방했다. 하지만 그의 탁월한 수학 성적에 주목한 학장의 배려로 아라우에 있는 고등학교에서 1년 동안 공부한 후 마침내 연방공과대학에 입학했다. 1921년 "이론물리학에 대한 공로, 특히 광전효과 법칙의 발견"으로 양자이론 발전의 중추적인 단계에 대한 공로를 인정받아 노벨물리학상을 수상했다. 1933년 나치가 집권하자 시민권을 포기하고 독일을 떠난 아인슈타인은 이후 20여 년 동안 프린스턴 고등연구소에서 규칙적인 생활을 하며 지냈고, 1940년 마침내 미국 시민권을 취득했다. 1952년 이스라엘 2대 대통령을 제안받았지만 정중히 거절하고 연구에만 몰두했다. 1955년 4월 10일 76세를 일기로 세상을 떠났다.

아인슈타인의 《상대성의 특수이론과 일반이론》(이하 《상대론》)은 상대성이론을 만든 아인슈타인이 직접 쓴 상대성이론 책이라는 점에서 누구라도 탐독해 보고 싶은 책이다. 아인슈타인은 별다른 설명이 필요 없는, 인류 역사상 가장 위대한 과학자이자 슈퍼

스타다. 아인슈타인이 이 책을 쓴 1916년은 자신이 일반상대성 이론을 막 완성한 이듬해였다.

우선 용어부터 정리하자면, relativity는 보통 '상대론'으로 옮긴다. special theory of relativity는 대개 '특수상대성이론'이라 부르는데, 이 책에서 '상대성의 특수이론'이라 제목을 붙인 것은 영어를 직역한 것으로 보인다. special theory of relativity는 줄여서 special relativity(SR)라고도 한다. 특수상대론으로 번역할 수 있다. 마찬가지로 general theory of relativity는 '일반상대성이론', general relativity(GR)는 '일반상대론'이라 한다.

광속이라는 자연의 언어로
시간과 공간이라는 인간의 언어를 번역하다

상대성이론의 원조는 갈릴레이다. 그를 종교재판에 세운 문제의 저작 《대화》를 보면 지구의 자전과 공전을 다룰 때 이른바 '상대성의 원리'가 나온다. 지구의 자전에 반대하던 사람들은 만약 지구가 서쪽에서 동쪽으로 자전한다면 나무에서 떨어지는 낙엽이 항상 나무의 서쪽으로 치우쳐 떨어질 것이라고 주장했다. 그러나 현실에서는 그런 현상을 목격할 수 없다. 갈릴레이는 움직이는 배를 예로 들어 이들의 주장을 논박했다. 일정한 속도로 항해하는 배의 돛대에서 공을 떨어뜨리면 공은 배의 뒤편으로 떨어지지 않고 돛대 바로 옆에 떨어진다. 그 이유는 공이 배와 함께 운동하고 있었기 때문이다. 지구와 낙엽의 관계도 마찬가지다. 이런 실험으로는 배가 지면에 대해 정지해 있는지 움직이는지 구분할 수 없다. 보다 일반적으로 말하자면 서로가 등속운동하는 두 좌표계에서는 물리법칙이 똑같다. 이를 아인슈타인은 《상대론》 5장에서 '상대성의 원리(제한된 의미의)'로 정리하고 있다.

이처럼 상대성이론은 한마디로 말해 움직이는 좌표계에서도 정지한 좌표계에서와 똑같은 세상을 보게 될 것인가에 관한 이론, 또는 이들 좌표계 사이의 관계에 관한 이론이다.

갈릴레이의 상대론에서는 두 좌표계 사이의 관계가 아주 간단하게 주어진다. 움직이는 좌표계에서의 물체의 운동은 정지한 좌표계에서의 물체의 운동에서 움직이는 좌표계 자체의 운동하는 속도를 빼주면 된다. 말이 복잡해 보여도 이는 우리 일상생활에서 익숙하게 경험하는 일이다. 도로에 서서 내 옆을 달려가는 오토바이의 운동을 버스를 타고 가면서 보면 어떻게 될까? 지면에 대한 오토바이의 속도에서 지면에 대한 버스의 속도를 빼주면 된다. 그래서 버스 안에서 바라본 오토바이는 도로에서 봤을 때보다 느리게 움직인다. 즉 간단한 속도의 덧셈(또는 뺄셈)만으로 모든 문제가 해결된다. 같은 이유로 에스컬레이터를 타고 움직일 때 그 위에서 걸어가면 밖에 있는 사람이 보기에 지면에서보다 더 빨리 움직이는 것으로 보인다.

여기에는 빛도 예외가 아니었다. 지면에 정지해 있는 사람의 스마트폰에서 나오는 빛은 광속으로 날아간다. 만약 이 사람이 에스컬레이터에 탑승해 정지한 상태로 스마트폰을 열면 에스컬레이터 밖에 있는 사람들에게는 어떻게 보일까? 에스컬레이터 위에서 걸어가는 사람의 경우를 생각해 보면 이 사람의 스마트폰에서 나온 빛은 분명히 에스컬레이터 밖에 있는 사람이 보기에 광속보다 더 빨라져야 한다. 즉 광속에다가 에스컬레이터가 움직이는 속도를 더해야 한다.

그러나 아인슈타인은 여기에 반기를 들었다. 아인슈타인에 따르면 광속은 광원이나 관측자의 상대적인 운동에 상관없이 언제나 광속이다. 일화에 따르면 아인슈타인은 청소년 시절에 이와 관련된 사고실험을 했다. 만약 광속으로 날아가면서 빛을 보면 어떻게 될까? 빛이 아니라 오토바이라면 아주 쉽다. 버스가 오토바이와 같은 속도로 진행한다면 버스 안에서 바라본 오토바이는 정지해 있을 것이다. 그렇다면 광속으로 날아가면서 관측한 빛도 정지해 있어야 하지 않을까? 그러나 아인슈타인은 '정지한 빛'을 상상할 수 없었다. 19세기 물리학의 위대한 성과 중 하나는 전기와 자기 현상을 전자기 현상으로 통합했고, 빛 또한 전자기파의 일종임을 알아낸 것이었다. 전자기 이론에 정통했던 아인슈타인은 그 속에서 빛이 정지해 있는 상황이 존재하지 않는다는 것을 알았다. 이것이 광속불변이다. 이렇게 되면 갈릴레이의 상대성 원리와 광속불변은 서로 양립하기 어렵다. 이것이 7장 '빛 전파의 법칙과 상대성 원리의 겉보기 양립불가능성'의 내용이다. 그렇다면 둘 중 하나는 포기해야만 한다.

아인슈타인은 낡은 상대성의 원리를 포기하고 광속불변을 선택했다. 그리고 이에 부합하는 새로운 상대성이론을 발견했다. 그것이 특수상대성이론이다.

다만 광속불변을 고수하는 대신 그 대가는 치러야만 했다. 광속에는 공간의 성질과 시간의 성질이 함께 포함돼 있다. 따라서 광속불변을 유지하려면 시간과 공간이 서로 얽혀야 하며, 운동 상태에 따라 시간과 공간도 달라져야 한다. 시간과 공간은 이제 하나의 4차원 시공간spacetime을 구성해야만 한다. 그 결과 움직이는 좌표계에서는 길이가 줄어들고 시간 간격이 늘어난다. 즉 시간이 느려진다. 이로써 고전적인 시간의 절대성은 무너졌다. 또한 상대적인 속도의 셈법은 간단한 덧셈에서 좀 더 복잡해졌다. 그 결과 그 어떤 상대속도의 조합도 광속을 초과하지 않는다. 달리는 자동차의 전조등에서 나오는 빛도 언제나 광속으로 날아간다.

시간과 공간은 인간이 고안한 인간 편의적인 개념이다. 그런 개념이 자연의 근본 질서를 담지하고 있을 이유는 없다. 자연을 기술할 때에는 자연의 본성을 담지한 자연의 언어로 기술하는 것이 좋다. 아인슈타인은 그런 자연의 언어를 하나 찾은 것이다. 그게 바로 광속이다. 특수상대성이론이란 광속이라는 자연의 언어로 시간과 공간이라는 인간의 언어를 다시 번역한 이론이라고도 할 수 있다.

시간과 공간뿐 아니라 입자의 운동에 대한 이해도 달라졌다. 특히 물체가 정지해 있더라도 그 물체의 질량에 비례하는 에너지가 존재한다. 물체의 에너지는 그 속력에 따라 계속 증가하지만 광속에 가까이 갈수록 무한대로 발산한다. 따라서 그 어떤 물체도 광속을 초과해 운동할 수 없다. 광속은 우리 우주의 제한 속력이다.

중력에 대한 아인슈타인의 고민

아인슈타인은 특수상대론을 완성한 뒤 얼마지 않아 중력에 대한 고민으로 옮겨갔다. 뉴턴의 만유인력의 법칙에서는 질량이 있는 두 물체가 서로의 존재를 즉각적으로 느껴 서로에게 중력을 발휘한다. 아인슈타인은 이 '즉각적인 원격 작용'이 상대성이론과 맞지 않음을 깨달았다. 아인슈타인에게 돌파구를 마련해 준 것은 '등가원리equivalent principle'[11]다. 등가원리란 관성질량과 중력질량을 구분할 수 없다는 원리다.(본문 20장)

---

11 이 책에서는 '동등성'으로 번역되었다.

관성질량이란 뉴턴의 운동 2법칙인 $F=ma$로 정해지는 질량이다. 어떤 물체의 속력을 변화시킬 때 필요한 힘이 얼마인가로 그 물체의 질량을 측정할 수 있다. 그렇게 정해지는 질량이 관성질량이다. 중력질량은 뉴턴의 만유인력의 법칙으로 정해지는 질량이다. 어떤 물체 주변에 다른 무거운 물체를 놓았을 때 두 물체 사이에 작용하는 힘으로부터 구하는 질량이 중력질량이다. 서로 다른 방식으로 정의되는 두 질량이 같다는 것은 아인슈타인 이전부터 어렴풋이 알려져 있었지만, 아인슈타인은 이 원리를 아주 중요하게 여겼다.

관성질량과 중력질량이 같으면 가속운동에 따른 관성력과 중력을 구분할 수 없다. 이 또한 일상생활에서 쉽게 경험할 수 있는 현상이다. 정지한 엘리베이터가 올라가기 시작하면 갑자기 내 몸무게가 무거워지는 것을 느낄 수 있다. 엘리베이터가 위로 가속운동을 하면 우리 몸은 관성의 법칙에 따라 원래 위치에 정지해 있으려 하고 그 때문에 가속운동에 저항하는 힘을 가속도의 반대방향으로 받게 된다. 이것이 관성력이다. 하지만 만약 엘리베이터는 그대로 정지해 있고 갑자기 지구나 우리의 몸무게가 실제로 더 무거워졌다면 어떨까? 엘리베이터 밖을 볼 수 없다면 우리는 질량 증가에 따라 중력이 커졌는지, 아니면 엘리베이터가 위로 가속하고 있는지를 구분할 수 없다. 다만 일상생활에서 전자의 가능성은 없으니까 후자의 상황이 벌어졌음을 쉽게 알 수 있을 뿐이다. 여기서 관성력을 중력과 동등하게 여길 수 있는 것은 아주 국소적인 영역에서만 그렇다.

등가원리를 받아들이면 상대성의 원리를 가속운동을 하는 좌표계들 사이에도 적용할 수가 있다. 예컨대 모퉁이를 돌아가는 버스는 바깥쪽으로 원심력이라는 관성력을 받는다. 이 힘은 버스 밖에 정지해 있는 사람들은 느끼지 않는 힘이다. 바깥쪽으로 원심력이 작용하는 버스 안의 좌표계는 바깥쪽으로 일정한 중력장 속에 놓인 버스로 대체할 수 있다. 버스 안에 있는 사람은 이 둘의 차이를 느끼지 못한다.

그런데 가속운동을 하면 시공간의 기하가 바뀐다. 23장 '회전하는 기준체 위에서 시계와 잣대가 보이는 동태'에서 아인슈타인이 소개하는 원판 사고실험이 이 점을 잘 보여준다. 회전하는 원판에서는 시간도 달리 흐르고 원주율도 파이와 달라질 수 있다. 즉 가속하는 좌표계에서는(회전운동도 가속운동의 일종이다.) 기하가 달라진다. 등가원리에 따르면 가속운동은 중력과 등가다. 따라서 중력이 시공간의 기하를 바꾼다고 유추할 수 있다. 이것이 일반상대성이론의 핵심적인 내용이다. 일반상대성이론에서는 중력의 본질을 시공간의 기하로 이해한다.

일반상대성이론에 따르면 고전역학으로는 설명할 수 없는 새로운 현상들을 설명할 수 있다. 아인슈타인이 가장 먼저 해결한 문제는 수성의 근일점 이동이었다. 태양계의 모든 행성은 케플러의 법칙에 따라 타원궤도를 돌고 있다. 또한 뉴턴의 만유인력의 법칙에 따라 태양과 행성 사이의 중력이 거리의 제곱에 정확히 반비례하면 그 궤도는 공간에 고정된 채로 안정되게 유지된다. 그러나 실제 수성의 공전궤도를 살펴보면 한 바퀴 공전할 때마다 원래 위치로 돌아오지 못하고 궤도 자체가 약간씩 틀어진다는 사실을 천문학자들은 알고 있었다. 공전궤도가 틀어지는 정도는 수성이 태양에 가장 근접하는 지점인 근일점이 이동하는 정도로 나타내기에 근일점 이동이라는 이름이 붙었다. 수성의 공전궤도에는 목성 등 다른 행성도 영향을 미친다. 그러나 그 모든 다른 요소를 제거하고 100년에 43각도초만큼은 설명할 방법이 없었다. 일부 천문학자들은 수성과 태양 사이에 불칸이라는 새로운 행성이 있을 것이라 주장했지만 그런 행성은 발견되지 않았다. 아인슈타인은 자신의 새로운 중력이론으로 수성의 근일점이 100년에 43각도초만큼 틀어진다는 사실을 정확하게 계산해 보였다. 이 내용은 29장 '상대성의 일반원리에 근거한 중력문제에 대한 해법'과 부록 3장 '상대성의 일반원리에 대한 실험적 검증'에 잘 나와 있다.

또한 아인슈타인은 멀리서 지구에 이르는 빛이 태양 때문에 크게 휘어진다고 예측했다. 그 정도는 뉴턴역학에서 설명할 수 있는 정도보다 딱 2배 크다. 중력장 속에서 빛이 휘어진다는 것은 등가원리를 이용한 사고실험으로도 유추할 수 있다. 이 책이 처음 나온 1916년에는 아직 태양이 빛을 휘는지 검증하는 실험을 수행하기 전이었다. 그래서 아인슈타인은 22장 '상대성의 일반원리에서 추리되는 몇 가지 결론'에서 일식 때 태양을 관측할 것을 천문학자들에게 권하고 있다. 태양의 중력효과가 크려면 별빛이 태양을 스치듯이 지나 지구로 들어와야 하는데, 태양의 밝은 빛 때문에 그런 별빛은 관측할 수가 없다. 다행히 일식 때는 달이 태양을 완벽하게 가려줘서 태양 옆으로 스쳐 지나오는 별빛을 촬영할 수 있다. 일식 이전 또는 이후 6개월되는 시점에 같은 별을 찍으면 원래 별의 위치를 알 수 있으므로 이 둘을 비교하면 일반상대성이론을 검증할 수 있다는 것이다.

이를 검증하기 위해 처음으로 일식 탐사에 나서 관측에 성공한 사람은 당대 최고의 천문학자였던 영국의 아서 에딩턴Arthur Stanley Eddington이었다. 에딩턴이 이끄는 탐사팀은 1919년 5월 29일에 있었던 일식 때 브라질의 소브라우 지역과 서아프리카 프린시페 섬에서 관측에 성공했다. 이들의 관측 결과는 아인슈타인의 예측에 가까웠다. 에딩턴의 관측결과는 일반상대성이론에 대한 최초의 실험적 검증으로 평가받고 있다. 이 내용은 부록 3장에도 소개돼 있다. 이 부록은 1920년에 추가되었다.

《상대론》은 말하자면 상대성이론을 '저자 직강'으로 접할 수 있는 '원전'이다. 총 3부 32장과 부록 5장으로 이루어져 있지만 각 장의 분량이 4쪽 내외로 간결하다. 그러나 상대성이론의 핵심만 담고 있기에 이 책만 읽어도 상대성이론의 큰 줄기를 이해할 수 있을 것이다. 예컨대 9장 '동시성의 상대성'에 나오는 기차 추론은 현대 교과서에도 아직까지 단골로 등장하는 예시다.

책을 읽는 동안 깔끔하고 명료한 논리 전개에 '역시 아인슈타인!'이라는 감탄사가 자기도 모르게 나오지 않을 수 없다. 상대성이론에 대한 약간의 지식이 있는 사람이라면 이 책을 훨씬 수월하게 읽을 수 있을 것이다.

🔦 **같이 읽으면 좋은 책** 《나의 시간은 너의 시간과 같지 않다》, 김찬주, 세로북스
《아인슈타인의 시계, 푸앵카레의 지도》, 피터 갤리슨, 동아시아
《완벽한 이론》, 페드루 G. 페레이라, 까치

양자역학의 아버지가 남긴
시대의 비망록

●━◠◠◠━●

《부분과 전체》

Der Teil und das Ganze

베르너 하이젠베르크 Werner Karl Heisenberg, 1901-1976

독일의 이론물리학자. 양자역학의 선구자 중 한 명이다. 괴팅겐 대학 시절 닐스 보어
Niels Bohr의 강의를 듣다가 사제 관계를 맺었고 이후 평생의 학문적 동지로서 깊은 친
교를 맺었다. 1927년 라이프치히 대학의 이론물리학 교수가 되었고 이후 라이프리치
대학을 독일 물리학의 중심지로 만들었다. 1932년 양자역학을 창시한 공로 등을 인정
받아 노벨물리학상을 수상했으며, 1933년에는 독일 최고의 물리학적 명예인 막스 플
랑크 메달을 받았다. 1957년 독일의 저명한 17명의 핵물리학자와 함께 독일의 핵무장
을 반대하는 <괴팅겐 선언>을 주도했다. 뛰어난 피아니스트이기도 했던 하이젠베르
크는 1976년 신장과 방광암으로 세상을 떠났다.

1969년에 출간된 《부분과 전체》는 하이젠베르크의 자전적인
회고록이다. 하이젠베르크는 20세기 현대물리학의 두 기둥 중
하나인 양자역학quantum mechanics을 확립하는 데 크게 기여한 과학
자로, 또 다른 현대물리학의 기둥인 상대성이론을 정초한 아인
슈타인과 함께 20세기를 대표하는 물리학자로 꼽힌다. 양자역

학은 원자 이하의 미시세계를 지배하는 자연의 원리다.

상대성이론이 아인슈타인이라는 한 명의 과학자가 원맨쇼에 가까운 노력으로 만들었다면, 양자역학은 오랜 세월에 걸쳐 수많은 사람들의 노력과 반대파의 비판 속에서 구축되었다. 그럼에도 하이젠베르크의 존재는 당대의 수많은 천재 과학자들 속에서도 매우 돋보인다. 예를 들어 1932년 하이젠베르크가 노벨 물리학상을 단독으로 수상했을 때 수상 이유는 "양자역학을 창시했고(for the creation of quantum mechanics), 이를 응용하여 특히 수소의 동소체를 발견한 공로"[12]였다.

양자역학의 학문적 여정

하이젠베르크는 스물네 살이 되던 해인 1925년, 원자 이하의 미시세계에서 벌어지는 현상을 기술하기 위해 고전적인 뉴턴역학을 대체하는 새로운 역학 체계를 창안했다. 구체적으로 수소원자에서 방출되는 스펙트럼선의 진동수를 이용해 하나의 에너지준위에서 다른 에너지준위로 전이되는 과정을 다룬 것이다. 하이젠베르크가 스펙트럼의 진동수에 천착한 것은 오직 관측 가능한 양들로부터 새로운 규칙을 찾아보기 위해서였다.

하이젠베르크의 새로운 체계에서는 놀랍게도 두 '숫자'의 곱

---

12 The Nobel Prize in Physics 1932. NobelPrize.org. Nobel Prize Outreach AB 2024. Fri. 12 Jan 2024.《https://www.nobelprize.org/prizes/physics/1932/summary/》

이 곱하는 순서에 따라 다른 결과를 낳는다. 그럼에도 하이젠베르크는 자신의 새로운 계산법의 모든 과정에서 에너지가 보존됨을 확인했다. 이 덕분에 하이젠베르크는 자신의 새로운 역학 체계가 올바른 방향임을 확신할 수 있었다. 그는 이 결과를 〈운동학과 역학적 관계에 대한 양자이론적 재해석에 대하여Über quantentheoretische Umdeutung kinematischer und mechanischer Beziehungen〉라는 논문으로 작성해 7월 29일《물리학 시보Zeitschrift für Physik》에 접수했다. 이 논문은 같은 해 9월에 출판되었다.

당시 하이젠베르크는 괴팅겐 대학에서 사강사privatdozent 직위에 있었다. 괴팅겐 대학의 막스 보른Max Born은 하이젠베르크의 논문을 읽고 크게 감명받았으나 다른 한편으로 이상한 곱셈 규칙 때문에 혼란스러웠다. 다행히 얼마지 않아 보른은 하이젠베르크의 새로운 곱셈 규칙이 오래전 학창시절에 배웠던 행렬matrix의 수학임을 알아챘다. 행렬은 숫자를 직사각형으로 배열한 것으로, 두 행렬의 곱은 순서를 바꾸었을 때 같은 결과를 내지 않는다. 불행히도 하이젠베르크는 그때까지 행렬이 무엇인지 몰랐다. 행렬은 당시 물리학자들에게 익숙한 수학적 도구가 아니었다. 이후 보른은 그의 학생이었던 에른스트 파스쿠알 요르단Ernst Pascual Jordan과 함께 하이젠베르크의 새로운 역학을 행렬을 써서 재구성하는 작업에 착수했다. 그 결과 보른, 하이젠베르크, 요르단 세 명의 저자 명의로 〈양자역학에 관하여 II〉라는 논문이

1926년 8월 출판되었다.[13]

이렇게 형성된 양자역학의 이론적 체계를 '행렬역학'이라 부른다. 하이젠베르크는 그때 "나는 행렬이 무엇인지도 모른다."고 했다. 행렬이 무엇인지도 모른 채 행렬역학을 창시한 것이다. 하이젠베르크가 행렬역학의 영감을 얻은 것은 1925년 봄 꽃가루 알레르기가 심해 보른에게서 2주간 휴가를 얻어 북해에 있는 섬 헬골란트로 휴양을 갔을 때였다. 이때의 일화도《부분과 전체》의 '아인슈타인과의 대화' 편에서 하이젠베르크 본인이 잘 소개하고 있다. 그러니까《부분과 전체》는 양자역학의 대표적인 창시자 중 한 사람이 자신의 학문적 여정과 인생사를 돌아보며 정리한 책이다. 그 자체로《부분과 전체》는 누구라도 읽어볼 만한 가치가 있다.

그러나 이 책을 읽는 한국의 독자들에게는 책이 지루하게 느껴질 수도 있다. 왜냐하면 책의 대부분이 대화와 토론으로 이루어져 있기 때문이나. 하이젠베르크는 이 점을 머리말에서도 분명히 밝히고 있다.

"자연과학이란 실험에 근거를 두고 있으며, 바로 그 실험에 종사하고 있는 사람들은 실험의 의미에 관해서 서로 숙고하고 토

13 Born, M.; Heisenberg, W.; Jordan, P. (1926). "Zur Quantenmechanik, II". Zeitschrift für Physik. 35 (8-9): 557

론하는 과정에서 일정한 성과를 얻게 되는 것입니다. 바로 이와 같은 토론이 이 책의 주요한 내용이 되고 있으며, 과학은 토론을 통해서 비로소 성립된다는 사실이 분명하게 밝혀질 것입니다."[14]

본문의 꼭지를 보더라도 '아인슈타인과의 대화(1925~1926)' '자연과학과 종교에 대한 첫 대화(1927)' '생물학과 물리학 및 화학의 관계에 대한 대화(1930~1932)' '언어에 대한 토론(1933)' '원자기술의 가능성과 소립자에 관한 토론(1935~1937)' 등 대화나 토론이 제목으로 들어간 경우가 많다. 아마도 이와 같은 대화와 토론이 당시 유럽이나 독일에서 이루어진 과학 활동의 전형적인 방식이었을 것이다. 그리고 이런 전통은 이후 전 세계로 퍼져나갔다.

천재와 천재들의 만남

하이젠베르크가 행렬역학을 제시했던 1920년대 중반에는 유럽, 특히 독일이 양자역학의 신흥 중심지였다. 괴팅겐 대학도 그 거점 중 하나였다. 하이젠베르크는 새로운 혁명의 기수였고, 그 혁명의 대열에 동참했던 당대 많은 천재들과 교류했다.《부분과

---

14 《부분과 전체》, 베르너 하이젠베르크, 지식산업사, p.3

전체》속의 대화와 토론에도 당연히 이 세기의 천재들 사이의 대화가 포함돼 있다. 그중에서도 특히 양자역학의 태두라고 할 수 있는 닐스 보어와의 만남, 그리고 아인슈타인과의 대화가 인상적이다.

'아인슈타인과의 대화'는 5장의 제목이기도 하다. 하이젠베르크는 행렬역학을 완성한 이듬해인 1926년 아인슈타인이 있던 베를린 대학에서 자신의 성과를 발표할 기회를 가졌다. 토론회가 끝난 뒤 아인슈타인은 하이젠베르크를 집으로 초대했다. 이때의 논의는 20세기 초까지 풍미했던 이른바 마흐주의와 관련된 것이었다. 마흐주의란 오스트리아의 물리학자 에른스트 마흐에서 유래한 것으로, 직관경험으로 확인할 수 없는 것은 과학 활동에서 배제해야 한다는 과학적 실증주의가 핵심적인 내용이다. 아인슈타인이 초기 상대성이론을 논할 때 시계와 자를 자주 등장시킨 것이나, 하이젠베르크가 전자의 궤도라는 개념보다 스펙트럼의 진동수에 더 집중한 것도 마흐주의의 영향이다.

이 당시 이미 마흐주의에서 멀어져 있었던 아인슈타인은 하이젠베르크가 전자의 궤도를 무시하고 진동수에 집중한 바로 그 대목을 지적했다. 이미 상대성이론의 기초로 마흐주의를 도입했음을 알고 있는 하이젠베르크로서는 당황스러웠을 것이다. 아인슈타인은 하이젠베르크의 접근법이 원자 세계를 올바로 기술할 수 있을 것인지에 회의적이었다. 특히 자연현상을 관측해서 어떤 결과를 얻을 때 측정 장치 속에서 벌어지는 또 다른 현상들을 지적하며 관측 과정의 복잡함을 지적했다. 이들의 대화는 새로운 과학 혁명기에 시대의 천재들이 과학철학적 사조를 두고 벌인 토론이라 더욱 흥미롭다. 하이젠베르크는 이날 아인슈타인과의 논의를 발전시켜 이듬해인 1927년에 '불확정성의 원리'를 발표했다.

한편 보어와의 첫 만남은 '현대물리학에서 '이해'라는 개념' 장에서 자세하게 소개돼 있다. 그때는 1922년으로 하이젠베르크가 아직 뮌헨 대학에서 아르놀트 조머펠트Arnold Sommerfeld에게 배우는 학생 시절이었다. 당시 보어는 자신의 원자론으로 세계적인 명성을 얻고 있었다. 그해 6월 괴팅겐 대학에서는 보어를 위한 일련의 과학 강연, 이른바 '보어 축제'가 열렸다. 여기에 참석했던 하이젠베르크는 보어에게 날카로운 반론을 제기했다. 이를 계기로 보어는 하이젠베르크에게 하인베르크 산으로 산책을 가자고 제안했다. 하이젠베르크는 3장에서 이날의 산책을 이렇게 묘사했다.

"이 산책은 그날 이후의 나의 학문적 발전에 가장 강한 영향력을 발휘하였다. 아니 나의 본격적인 학문적 성장이 이 산책과 더불어 비로소 시작되었다고 말하는 것이 더 타당한 표현일지도 모르겠다."(본문 63쪽)

하이젠베르크는 이듬해인 1923년 뮌헨에서 박사학위를 받았고 1924~1927년 동안 괴팅겐 대학의 사강사로 재직했다. 1924년에는 보어의 초청으로 덴마크 코펜하겐을 오가기도 했다. 하이젠베르크와 보어는 불확정성의 원리에 대한 해석을 두고 치열하게 논쟁을 벌이기도 했으나 양자역학에 관한 이른바 '코펜하겐 해석'의 토대를 함께 구축했다.

불행히도 보어와의 관계가 평생 달달하게 유지되지는 못했다. 1933년 히틀러가 등장하면서부터 유럽 학계는 모든 게 뒤틀리기 시작했다. 이후 많은 유대계 과학자들이 독일과 유럽을 떠났다. 하이젠베르크는 계속 독일에 남아 나치의 핵무기 개발계획이었던 '우라늄 클럽'에 합류했다. 하이젠베르크가 얼마나 열심히 핵무기 개발에 참여했는지에는 약간의 논란이 있다. 당사자는 《부분과 전체》의 15장 '새로운 출발을 위한 길(1941~1945)'에서 당시 독일 과학자들이 핵무기 제조에 소요되는 비용을 실세보나 과내평가하는 바람에 나치 정부가 무리하게 핵무기 계획을 밀어붙이지 못할 것이라고 '다행스럽게' 확신했다고 한다. 1942년 나치는 원자로 연구는 계속하되 핵무기 제조까지는 명령하지 않았다. 하이젠베르크는 그 결과 당시의 원자로 연구가 전후 평화적인 원자 기술을 위한 준비 역할이었다고 썼다. 미국 정보요원들이 파악하기로는 전쟁 막바지까지 나치의 핵무기 개발 수준은 연합국에 큰 위협을 줄 정도로 앞서지 못했다.

　우라늄 클럽에서 핵무기를 개발 중이던 1941년, 하이젠베르크는 학술대회 참가를 빌미로 코펜하겐을 방문해 몇 차례 보어를 만났다. 보어는 나치가 1940년 덴마크를 점령한 뒤에도 계속 코펜하겐에 남아 있었다. 보어로서는 하이젠베르크의 방문이 달갑지 않았을 것이다. 하이젠베르크는 전쟁에서 독일이 반드시 이겨야 한다고 주장했고 자신이 핵무기 개발계획에 가담하고 있음도 알렸다. 보어에게 그런 하이젠베르크는 히틀러에게 기어이 핵무기를 만들어 바치려는 호전적인 과학자로 보였다.[15] 전쟁이 끝난 뒤에도 둘의 관계는 회복되지 못했다.

　《부분과 전체》에서 또 하나 인상적인 대목은 당대 과학자들의 다방면에 걸친 해박한 지식과 폭넓은 교양 수준이다. 《부분과 전체》에서 다루는 대화와 토론의 범위에는 역사, 종교, 철학, 언어, 정치 등 인간사의 중요한 분야들이 녹아들어 있다. 시대를 대표하는 최고 지성들의 입을 통해 20세기를 이렇게 돌아보는 것도 흥미롭다. 그에 비하면 지금 시대의 최고 지성들은 너무 자기들만의 연구 분야에 갇혀 전전긍긍하는 것이 아닌가 하는 생각도 든다.

　상대성이론과 양자역학으로 제2의 과학혁명을 이끌었던 그

---

15 《퀀텀스토리》, 짐 배것, 반니

시절, 인류 역사에서 그렇게 짧은 시간 동안 그렇게 많은 천재들이 동시에 출현해 위대한 업적을 남긴 경우도 그리 흔하지는 않다. 그 가운데에서도 하이젠베르크는 우뚝 솟은 거봉 중의 하나다. 그 사실만으로도 《부분과 전체》를 읽어야 하는 이유는 충분하다.

같이 읽으면 좋은 책 《실재란 무엇인가》, 애덤 베커, 승산

《양자혁명》, 만지트 쿠마르, 까치

《퀀텀스토리》, 짐 배것, 반니

인간 지성의 결정체, 양자역학을 빚어낸
그 혁명의 이야기

《퀀텀 스토리》

Quantum Story

> **짐 배것**Jim Baggott, 1957~
> 영국 옥스퍼드 대학 물리화학 박사 출신의 과학 저술가. 맨체스터 대학을 졸업하고
> 옥스퍼드 대학에서 화학물리학 박사학위를 받았다. 같은 대학교와 스탠퍼드 대학에
> 서 박사후과정을 이수했고, 영국의 레딩 대학에서 화학과 교수로 학생들을 가르쳤다.
> 1989년 화학물리학에 기여한 공로로 영국왕립화학회RSC로부터 말로 메달Marlow
> Award을 받았다. 〈뉴 사이언티스트〉〈네이처〉 등에 과학 칼럼을 기고하고 있으며,
> 1991년에는 영국과학작가협회ABSW 과학저술상을 수상했다.

《퀀텀 스토리》는 양자역학量子力學, quantum mechanics이 태동하고 정
립되며 발전한 역사를 다룬 책이다. 양자역학은 양자量子, 즉 어
떤 양만큼 덩어리진 존재에 관한 역학 체계다. 어떤 양만큼 덩어
리진 물리량은 그 이하의 값을 가질 수 없고 그렇게 덩어리진 양
의 정수배로만 존재한다. 따라서 해당 물리량은 연속적이지 않

고 불연속적이다. 우리에게 익숙한 거시세계에서는 이런 일이 일어나지 않는다. 거시세계는 연속적이다. 양자역학은 주로 원자 이하의 미시세계를 지배하는 자연의 작동 원리다.

양자역학과 고전역학의 차이점

비유적으로 말하자면 이렇다. 고전역학은 빗면과도 같다. 빗면 위에서 우리는 지면으로부터 임의의 높이에 서 있을 수 있다. 즉 빗면 위에서 우리가 서 있을 수 있는 높이는 연속적이다. 반면 계단면에서는 그렇지 않다. 우리가 계단면에서 서 있을 수 있는 지면으로부터의 높이는 한 계단 높이의 정수배로만 가능하다. 0.5 계단이나 2.9 계단의 위치에 우리는 서 있을 수 없다. 이것이 양자역학의 세계다. 양자역학에서 한 계단의 높이는 대략 플랑크상수로 주어진다. 어린아이나 개미 같은 작은 동물에게는 계단의 높이가 아주 높게 느껴질 것이다. 양자역학적 효과는 이 계단의 높이, 즉 플랑크상수를 무시할 수 없는 상황에서 크게 나타난다. 한편, 만약 멀리서 계단면을 바라보면 한 계단의 높이는 거의 보이지 않고 전체 계단면은 매끈한 빗면처럼 보일 것이다. 이것이 고전역학과 양자역학의 관계와 비슷하다. 자연은 멀리서 거시적인 시야로 바라보면 매끈하고 연속적인 빗면이지만, 가까이서 자세하게 들여다보면 불연속적인 높이를 가진 계단면과도 같다.

문제는 이렇게 불연속적인 양자역학의 계단면에서 보이는 자연의 성질은 연속적인 빗면에서 우리가 익숙하게 경험했던 자연의 성질과 너무나 다르다는 점이다. 고전역학은 우리의 상식이나 경험과 '비교적' 잘 부합한다. 여기서 '비교적'이라는 말을 쓴 이유는 사실 고전역학적인 현상에서도 우리가 직관적으로 받아들이기 어려운 경우가 꽤 있기 때문이다. 예컨대 우리는 갈릴레이 이후로 사과와 나뭇잎이 동시에 떨어진다는 사실을 알고 있다. 그러나 현실에서 정말로 사과와 나뭇잎이 동시에 떨어지는 모습을 보게 된다면 깜짝 놀랄 것이다. 그래서 우리의 직관 경험에 더 잘 부합하는 것은 고전역학이라기보다 그 이전까지를 지배했던 아리스토텔레스의 세계관이다.

양자역학의 세계에서는 우리의 직관 경험이 거의 작동하지 않는다. 그래서 양자역학을 제대로 이해하기 위해서는 우리의 생각의 회로를 바꿔야 한다는 말이 있을 정도다. 양자역학과 고전역학을 비교했을 때 가장 큰 차이점은 양자역학은 확률론이 지배한다는 점이다. 반대로 고전역학은 결정론적이다. 고전적인 뉴턴역학의 정신은 어떤 물리계의 초기조건과 거기 작용하는 모든 힘을 알면 그 계의 미래를 모두 정확하게 알 수 있다는 것이다. 미래는 초기조건과 작용하는 힘에 의해 완전히 결정된다. 사실 이것이 우리가 보통 과학 하면 떠올리는 익숙한 심상이다. 천하의 아인슈타인도 예외는 아니어서, "신은 주사위 놀음

따위는 하지 않는다."는 유명한 말을 남겼다.

주사위를 컵에 넣고 이리저리 돌리다가 컵을 엎어 바닥에 내려놓았을 때, 고전역학에서는 이 상황의 초기조건과 컵을 돌리는 양상을 모두 분석해 어떤 주사위 눈이 나오는지 계산할 수 있다. 적어도 원리적으로는 그렇다는 뜻이다. 양자역학에서는 전혀 다른 이야기를 들려준다. 양자역학에서는 컵을 들어 주사위(이 경우에는 아주 미시적인 주사위라 가정하자)를 '관측'하기 전에 우리는 '원리적으로' 주사위의 눈이 무엇인지 전혀 알 수가 없다. 다만 우리는 주사위의 각 눈이 나올 확률만 알 수 있을 뿐이다. 컵을 열어 관측하기 전에 주사위의 상태는 각각의 눈이 나오는 상태들이 '중첩superposition'돼 있다. 즉 각 눈에 해당하는 양자역학적인 상태에 적절한 숫자가 곱해져 모두 더해지는 형식으로 전체 주사위의 상태가 기술된다. 이때의 적절한 숫자는 일종의 가중치로서, 이 숫자를 복소제곱하면 해당 상태가 실제 관측될 확률이 된다. 그러니까 우리는 어떤 주사위 눈이 나올지 최종적인 상태를 결정론적으로 알 수 없고, 다만 똑같은 상황을 수없이 많이 반복했을 때 특정한 눈이 몇 번씩 나올지 확률적으로 알 수 있을 뿐이다. 우리가 컵을 열고 주사위를 직접 확인하는 순간 주사위의 중첩 상태가 깨지면서 우리가 관측하는 단 하나의 상태만 남게 된다. 이를 관측에 의한 중첩의 붕괴라 한다.

양자역학을 이해한다는 것

아마도 다수의 물리학자들은 물리학에서 고전과 현대를 가르는 가장 결정적인 기준으로 결정론적인가 확률론적인가를 지목할 것이다. 이 기준에 따르면 상대성이론도 결정론적이어서 고전 물리학에 속한다. 이런 맥락에서 보자면 양자역학의 출현이야말로 진정한 '모던modern'의 시작이었다.

사실 양자역학에서는 확률론적 해석뿐만 아니라 방금 소개했던 상태의 중첩이나 붕괴 또한 고전역학에서 비슷한 사례를 찾기 힘든 난해한 개념이다. 양자역학의 상태가 만족하는 파동 방정식인 '슈뢰딩거 방정식'으로 유명한 에르빈 슈뢰딩거Erwin Schrodinger조차 양자역학의 이런 성질(흔히 '코펜하겐 해석'이라 한다.)을 받아들이지 않고 그 모순을 드러내기 위한 사고실험을 고안했다. 그것이 바로 유명한 '슈뢰딩거 고양이' 실험이다.《퀀텀스토리》를 읽는 독자들이 양자역학을 자세하게 이해하지는 못하더라도 슈뢰딩거 고양이 실험만큼은 꼭 알아두었으면 한다. 이 실험은 양자역학의 기이함을 함축적으로 드러내는 기발한 실험으로, 양자역학을 대유적으로 표현하는 실험이기도 하다.

흔히 어떤 것을 쉽게 설명하지 못한다면 그건 설명하는 사람이 그 대상을 제대로 이해하지 못한 탓이라고들 말한다. 적어도 양자역학에 관해 말하자면, 이 말은 반은 맞고 반은 틀리다. 미국의 유명한 물리학자이자 양자역학의 발전에 크게 기여했던 리처드 파인만Richard Feynman의 말마따나 아직 아무도 양자역학을 제대로 이해하지 못했다는 사실을 받아들인다면 왜 그 누구도 양자역학을 쉽게 설명하지 못하는지를 설명(또는 변명)할 수 있다.

다른 한편으로 말하자면, 양자역학은 그만큼 원래 어렵다. 생각의 회로를 바꾼다는 건 우리가 수십만 내지 수백만 년 동안 호모 사피엔스로 진화해 오면서 누적된 생물학적 압력을 극복해야 한다는 뜻이다. 배가 고프면 밥을 먹어야 하고 잠이 오면 잠을 자야 하는 것과 비슷하다. 다이어트를 해본 사람이라면 진화의 압력을 극복하는 것이 얼마나 고통스러운 일인지 잘 알 것이다. 생각의 회로를 바꾸는 것도 마찬가지다. 엄청난 지적 고통을 수반할 수밖에 없다. 그만큼 쉽지 않다. 파인만의 말도 사실이어서, 인류는 양자역학의 본질을 아직 완전히 다 이해하지 못하고 있다. 성공적인 과학 이론에 이런저런 '해석'이 붙어 있다는 게 언뜻 받아들이기 힘들지만 양자역학에는 실제로 여러 경쟁하는 '해석'들이 있다.

우리의 두뇌는 거시적인 세계에 익숙하게 진화했고 어떤 대상을 바라보는 관점이나 개념의 형성, 그것을 표현하는 언어도 함께 진화해 왔다. 하지만 인간 생존에 익숙한 개념이나 언어가 자연의 근본 원리를 담지하고 있을 이유는 없다. 이 우주에서 인간이 그리 절대적인 존재가 아니기 때문이다. 따라서 생각의 회로를 바꿔 양자역학을 이해한다는 것은 인간의 개념과 언어를 버리고 자연 본연의 개념과 언어와 규칙을 다시 받아들여야 함을 뜻한다. 양자역학을 두고 인간 지성의 결정체라고들 말하는 이유가 바로 이 때문이다. 길게는 수백만 년에 걸친 인류 진화의 생물학적 압력을 이겨내고 드디어 자연 본연에 가장 가까운 개념과 언어와 규칙들로 자연을 이해할 수 있게 되었기 때문이다. 그게 불과 100여 년 전의 일이다. 그리고 그런 인식의 전복은 대단한 성공을 거두었다. 양자역학이 예측한 결과는 지금까지 그 어떤 결과보다도 높은 정밀도로 실험값과 일치한다.

이 책만으로 양자역학을 이해하기는 어렵다. 그러나 양자역학의 특성과 핵심적인 원리를 슬쩍 엿볼 수는 있다. 양자역학을 만든 사람들의 이야기를 이보다 더 효율적으로 흥미진진하게 들어보기도 어려울 것이다. 게다가《퀀텀스토리》는 21세기에 이룩한 성과들도 포함하고 있다.

제1부 '작용양자'에서는 양자역학의 생일이라 할 수 있는 1900년 12월의 막스 플랑크Max Planck가 흑체복사 현상을 설명하는 것부터 시작한다. 이후 대략 사반세기 동안 양자역학이 초기에 형성된 과정을 담고 있다. 제2부 '양자적 해석'에서는 양자역학의 주류라 할 수 있는 '코펜하겐 해석'을 다룬다. 이는 닐스 보어와 베르너 하이젠베르크, 막스 보른 등이 주도한 해석이다. 제3부 '양자 논쟁'에서는 코펜하겐 해석에 반대하는 아인슈타

인과 이를 저지하는 보어 사이의 불꽃 튀는 논쟁이 소개돼 있다. 이들의 논쟁은 과학 역사상 가장 유명한 논쟁 중 하나로도 손색이 없다. 제4부 '양자장'에서는 장field에 대한 양자역학인 양자장론quantum field theory이 형성되고 발전하는 과정을 다룬다. 또한 양자장론이 어떻게 기본입자들을 기술하면서 입자물리학이 발전했는지 그 궤적을 추적한다. 제5부 '양자적 입자'에서는 입자가속기를 통해 이론적으로 예측한 내용들을 어떻게 검증해 왔는지를 소개한다. 제6부 '양자적 실체'에서는 양자역학에서도 가장 신묘한 현상인 얽힘과 비국소적 특성을 다룬다. 이와 관련된 벨 부등식과 이를 검증하는 실험은 지난 2022년 노벨물리학상의 수상 내용이기도 했다. 마지막으로 제7부 '양자적 우주론'에서는 아직도 양자역학의 미해결 과제인 양자중력을 다룬다. 유력한 대안 중 하나인 끈이론과, 블랙홀에서의 양자역학적 효과인 '호킹복사Hawking radiation'도 소개하고 있다.

인간 지성의 결정체인 양자역학, 그 자체로 바라보기

사람들이 〈모나리자〉나 〈천지창조〉 〈피에타〉 상을 보는 이유는 그런 작품들이 인간 예술성의 한 극치를 보여주기 때문이다. 양자역학은 그와 비슷하게 인간 지성의 한 극치다. 따라서 양자역학을 배우는 것, 또는 적어도 구경이라도 한번 해보는 것은 굳이 파리행 비행기 티켓을 끊고 루브르로 달려가서 〈모나리자〉를 직접 보는 것과 비슷하다. 여기에는 아무런 금전적 이득이 없다. 오히려 돈을 많이 써야 한다. 누구도 〈모나리자〉나 〈피에타〉를 보고 "저게 어디에 쓸모가 있냐?" "저게 우리가 먹고 사는 데에 무슨 도움이 되냐?"라고 묻지 않는다. 이들 작품은 뭔가 다른 것을 위한 쓸모로 탄생한 것이 아니기 때문이다. 예술적 걸작은 그 자체로 존재 가치가 있다. 이는 우리 모두가 알고 있는 상식이다. 그래서 〈모나리자〉가 대체 얼마나 많은 돈을 벌어줄 것인지, 그 때문에 루브르가 한 해에 얼마나 많은 입장료 수입을 올리는지, 그런 계산으로 〈모나리자〉의 가치를 계산하지 않는다.

불행히도 양자역학이나 물리학에 대해서는 많은 사람들이 그렇게 생각하지 않는다. 안타깝게도 물리학자들은 그런 질문을 받을 때마다 양자역학의 '쓸모'를 이것저것 갖다 대며 사람들을 설득하기 위해 애쓴다. 누구도 양자역학 그 자체의 존재 가치에 관심이 없기 때문이다. 심지어 물리학자들 중에서도 일부는 양자역학 그 자체의 존재 가치보다 다른 무엇을 위한 어떤 '쓸모'만을 더 강조하는 사람들을 적잖이 봐왔다. 물론 21세기가 양자역학 또는 양자기술의 시대가 되리라는 데에는 아마도 많은 과학자들이 동의할 것이다. 21세기에는 양자역학의 본원적 성질을 이용한 기술들이 실질적으로 활용되는 시대가 될 가능성이 높다. 이것이 양자역학이 탄생하고 발전한 20세기와 지금 21세기의 가장 큰 차이점일 것이다. 그런 시대가 도래한다면 더욱 더 구체적인 몇몇 기술보다 양자역학 그 자체의 가치가 더 두드러져 보일 것으로 기대한다.

《퀀텀스토리》를 읽는 독자들이 양자역학의 다른 무엇을 위한 쓸모(양자컴퓨터든 양자암호든 반도체든)보다도, 인간 지성의 결정체로서 그 자체의 존재 가치를 조금이라도 느껴보길 바란다.

같이 읽으면 좋은 책 《스핀》, 이강영, 계단
《실재란 무엇인가》, 애덤 베커, 승산
《일어날 일은 일어난다》, 박권, 동아시아
《양자혁명: 양자물리학 100년사》, 만지트 쿠마르, 까치

양자역학에서도 가장 신비롭고 오묘한
얽힘의 비밀

《아인슈타인의 베일》

Einsteins Schleier

안톤 차일링거 Anton Zeilinger, 1945~
빈 대학 실험물리학 연구소 교수이자 오늘날 세계적으로 가장 중요한 양자물리학자
중 한 명이다. 양자전송 실험(빛다발을 전송하는 실험)의 성공을 통해 양자물리학에
대한 일반인의 관심을 크게 향상시키면서 대중적으로도 유명해졌다. 그는 탁월한 업
적으로 방시 덱셀랑스상(1995), 유럽 광학상(1997), 빈과학상(2000), 알렉산더 폰
훔볼트 연구상(2000), 오스트리아 과학예술 명예훈장(2001) 등을 수상했다. 양자
역학의 가장 신묘한 현상이라 할 수 있는 얽힘과 관련된 실험으로 2022년 노벨물리
학상을 공동으로 수상했다.

2003년에 출간된《아인슈타인의 베일》은 저자가 서문에서도 썼
듯이 "양자물리학의 가장 중요한 근본 명제들과 귀결들을 일반
인의 수준에서 서술한 책을 쓰라는 부탁"을 받고 집필한 책이다.

책 제목은 아인슈타인이 1924년 프랑스 귀족 출신의 물리학
자 루이 드브로이Louis de Broglie의 박사학위 논문을 읽고 논평한 말

130

에서 따온 것이다. 드브로이는 전자electron와 같은 통상적인 입자particle도 파동과 같은 성질을 가진다고 과감하게 주장했다. 이에 따라 입자들도 그 운동량에 반비례하는 파장을 갖는다. 이런 파동을 물질파라 불렀다. 일화에 따르면 드브로이의 물질파가 너무 파격적이라 당시 논문 심사위원들이 선뜻 받아들이기 어려웠다고 한다. 이때 논문 지도교수였던 폴 랑주뱅Paul Langevin이 드브로이의 논문을 아인슈타인에게 보내 자문을 구했는데, 아인슈타인은 드브로이의 논문을 극찬하면서 "거대한 베일의 모퉁이를 들어올렸다."는 의견을 남겼다. 이 책의 'II.5. 양자세계의 한계와 프랑스 왕자' 편에 이 일화가 소개돼 있다.

양자역학을 수호한 물리학자,
영자역학의 신묘함을 풀어내다

그러나 《아인슈타인의 베일》은 물질파를 주로 다루는 책이 아니다. 양자역학의 가장 본질적인 특성을 파고들어 그 신묘함을 적나라하게 드러내고, 이에 대한 저자의 통찰까지 정리하고 있는 책이다. 양자역학의 본질적 특성을 드러내기 위해 차일링거가 주로 사용하는 도구는 이중슬릿 실험이다. 독자들이 이 책을 충실하게 따라가려면 이중슬릿 실험은 확실하게 이해하고 넘어가는 것이 좋다. 그 내용이 소개돼 있는 'I.4. 파동…'과 'I.5.…혹은 입자? 우연의 발견'은 특별히 집중해서 읽기를 권한다. 그래야 이후의 모든 논의를 무리 없이 좇아갈 수 있다.

원래 이중슬릿 실험은 1802년 영국의 토머스 영Thomas Young이 처음 시행한 실험으로 빛의 파동성을 증명한 것으로 유명하다. 당시 빛은 입자인가 파동인가로 논쟁이 있었다. 입자와 구분되는 파동의 가장 독특한 성질은 간섭wave interference이다. 간섭이란 둘 이상의 파동이 만나 새로운 파동을 만드는 현상이다. 이때 두 파동의 골과 골, 마루와 마루가 만나게 되면 파동이 증폭된다. 이를 보강간섭이라 한다. 반대로 두 파동의 골과 마루가 만나면 파동이 소멸한다. 이를 소멸간섭이라 한다. 헤드폰이나 이어폰의 소음 제거 기술도 소멸간섭 현상을 이용한 것이다.

하나의 광원에서 나온 빛이 이중슬릿을 통과해 영사막에 이르면 밝고 어두운 영역이 반복되는 독특한 간섭무늬가 생긴다. 이는 입자들이 이중슬릿을 통과했을 때와는 전혀 다른 결과다. 입자가 통과하면 영사막에는 두 줄의 흔적만 남을 것이다. 토머스 영은 이중슬릿을 통과한 빛의 간섭무늬를 확인했고 이로부터 빛이 파동임을 입증했다.

문제가 복잡해진 것은 20세기 초였다. 막스 플랑크와 아인슈타인은 빛이 흑체복사나 광전효과 현상을 통해 입자의 성질 또한 가진다는 사실을 알아냈고, 드브로이의 물질파가 실제 실험으로 검증되기도 했다. 즉 전자도 간섭을 일으킨다는 사실이 확인된 것이다. 빛의 알갱이, 즉 광자든 아니면 전자든 입자를 하나씩 통과시키더라도 간섭무늬가 나타난다. 여기서 가장 놀라운 점은, 우리가 어떤 형태로든 입자들이 어떤 슬릿을 통과했는지 그 경로를 확인하면 간섭무늬가 사라진다는 점이다. 이 현상을 차일링거는 양자역학이 정보의 과학이라는 관점에서 해설한다.

이중슬릿 실험은 양자역학의 본성을 이해하는 가장 기본적이고도 간단한 실험이다. 이를 바탕으로 차일링거는 II부 '새로운 실험, 새로운 불확실성, 새로운 질문'에서 자신도 크게 기여했던 양자얽힘의 신비를 파헤친다.

얽힘entanglement이란 둘 이상의 입자가 서로 종속적인 관계에 있는 상태다. 거시적인 상태를 이용해 비유적으로 설명하면 이렇다. 두 장의 종이를 준비해 하나에는 삼겹살을, 다른 하나에는 갈비를 적고 각각 글자가 보이지 않게 잘 접어 상자에 넣는다. 갑과 을이 상자 안에서 종이를 하나씩 꺼내 서로 멀리 떨어진 지역으로 보낸다. 갑이 삼겹살을 골랐으면 을은 당연히 갈비가 되고 그 반대도 마찬가지다. 갑과 을의 고기 메뉴 상태는 서로가 완전히 종속적이며, 얽힘 상태에 있다.

고전역학과 양자역학은 이 결과가 나오는 과정을 전혀 다르게 설명한다. 고전역학에서는 갑과 을이 상자에서 종이를 고르는 순간, 즉 초기조건이 정해지는 순간 모든 결과가 결정된다. 그리고 이 과정은 상자라고 하는 아주 국소적인 영역에서 모두 이루어진다. 양자역학에서는 갑이 종이를 펴 보는 바로 그 순간 삼겹살인지 갈비인지가 정해진다. 그전에는 갑의 상태가 삼겹살과 갈비의 중첩 상태다. 갑과 얽힘 상태에 있는 을의 메뉴도 갑이 종이를 펴 보는 바로 그 순간에 정해진다. 이는 갑과 을이 아무리 멀리 떨어져 있더라도, 갑이 지구에 있고 을이 안드로메다에 있더라도 사실이다.

아인슈타인은 1935년 보리스 포돌스키Boris Podolsky, 네이선 로젠Nathan Rosen과 함께 얽힘의 아이디어를 이용해 양자역학이 불완전하다고 논증하는 논문을 발표했다. 이들 저자의 머리글자를 따서 이 논문을 흔히 EPR 논문이라 부르며, 얽힘 상태를 EPR 상태라고도 한다. EPR은 이 논문에서 양자역학이 옳다고 가정했을 때, 양자역학의 중요한 교리인 불확정성의 원리가 깨질 수 있다고 얽힘 상태를 도입해 논증했다. 이로부터 EPR은 양자역학이 불완전하며, 자연의 어떤 숨은 변수가 있을 것이라고 주장했다.

불확정성의 원리란 양자역학의 틀을 처음으로 체계적으로 정립했던 하이젠베르크가 1927년에 주창한 원리다. 이에 따르면 한 입자의 위치와 운동량은 동시에 정확하게 측정할 수 없다. 운동량이란 고전적으로 물체의 질량과 속도의 곱으로 주어진다. 만약 입자의 질량이 항상 변하지 않고 고정돼 있다면 그 물체의 위치와 속도를 동시에 정할 수가 없다. 이 원리에 따르면 위치의 불확실한 정도와 운동량의 불확실한 정도의 곱이 항상 특정한 값보다 더 작을 수가 없다. 위치와 운동량뿐 아니라 다른 물리량들 사이에서도 불확정성의 원리가 작동한다. EPR은 얽힘을 이용해 위치와 운동량을 동시에 정확하게 측정할 수 있다고 주장했다. 이렇게 되면 이중슬릿 실험에서 입자가 지나간 위치를 정확하게 측정하더라도 간섭무늬가 생길 수 있으며, 양자역학의 주장이 무너지게 된다.

EPR 논문은 양자역학의 태두였던 닐스 보어마저도 당황스럽게 만들었다. 보어가 ERP에 대한 답변 격의 논문을 썼으나 완전히 만족스럽지는 못했다.

그러다가 1964년 존 벨John Bell이 돌파구를 마련했다. 벨은 EPR의 숨은변수 이론이 옳은지 양자역학이 옳은지 판별할 수 있는 부등식을 제시했다. 이것이 벨 부등식이다. 이후 벨 부등식을 실험적으로 검증하려는 시도가 잇달았다. 처음 시도한 사람은 미국의 존 클라우저John F. Clauser였고, 의미 있는 정도로 벨 부등식을 검증한 사람은 프랑스의 알랭 아스페Alain Aspect였다. 이후 차일링거는 양자전송 실험에 성공했으며 3중 광자얽힘 상태를 이용해 벨 부등식을 검증할 수 있었다. 이들의 결과는 한결 같이 벨 부등식을 깨뜨리며 양자역학의 결과를 지지했다. 보다 엄밀하게 말하자면 벨 부등식이 깨짐으로써 국소적인 숨은변수 이론을 기각하고 비국소적인 이론을 지지하게 된 것이다. 그 대표적인 이론이 양자역학이다.

이 공로로 클라우저와 아스페, 그리고 차일링거는 2022년 노벨물리학상을 수상했다. 수상 이유는 "얽힌 광자 실험으로 벨 부등식이 깨짐을 확립했고 양자정보과학을 개척한 공로"였다. 그러니까 《아인슈타인의 베일》은 아인슈타인에 맞서 양자역학을 수호한 실험물리학자가 직접 양자역학의 신묘함을 풀어낸 책이라고 할 수 있다.

'III.1 줄리엣에게 보내는 로미오의 비밀편지'에서는 양자역학을 이용한 암호 체계가 어떻게 통상적인 암호보다 더 안전하게 정보를 보호하는지 간단한 사례를 통해 살펴본다. 양자전송과 관련된 차일링거의 흥미로운 실험이 'III. 쓸모없는 것이 주는 이득'의 '2. 앨리스와 봅'에 소개돼 있다. 양자전송과 관련된 실험은 지금도 계속되고 있다. 간혹 그 결과들이 국내 언론에 소개될 때면 물리적인 신호가 광속을 초과해 순간적이고도 즉각적으로 전달된다는 식으로 보도되기도 한다. 그러나 이는 사실이 아니다. 얽힘이 제아무리 도깨비 같이 신묘한 현상이라도 상대성이론의 광속제한을 뛰어넘지는 못한다. 이 장을 잘 읽으면 왜 그런지를 쉽게 이해할 수 있다. 'III.3 완전히 새로운 세대'에서는 양자컴퓨터를 소개한다. 양자컴퓨터의 핵심 원리는 중첩과 얽힘이다. 다만 양자컴퓨터와 관련된 기술적이고 세부적인 내용은 생략돼 있다.

'Ⅳ. 아인슈타인의 베일'에서는 양자역학에서의 두 수준의 해석을 살펴본다. 차일링거는 1차 해석과 2차 해석을 구분한다. 1차 해석은 물리학에서 이론과 실험 사이의 직접적인 관계를 명료하게 파악하는 것이고, 2차 해석은 그 이면의 본질적인 의미, 철학적 이해를 추구하는 것이다. 이것이 바로 이 책의 제목, 즉 '아인슈타인의 베일' 뒷면에 숨겨진 자연의 본질, 양자역학의 본질에 관한 질문이다. 여기서는 양자역학에서만 독특하게 등장하는 다양한 '해석interpretation'을 소개한다. 'Ⅳ.2. 양자물리학의 해석 모형들'에서는 휴 에버렛Hugh Everett의 다세계 해석과 데이비드 봄David Bohm의 양자포텐셜 해석의 장단점을 요약하고 있다. 'Ⅳ.3. 코펜하겐 해석'에서는 정통 코펜하겐 해석을 소개한다. 'Ⅳ.6 확률파동'에서는 양자역학의 파동함수를 어떻게 받아들여야 하는지 논하고 있다. 여기서 소개하는 마흐-첸더 간섭계를 이용한 실험은 양자역학적으로 아주 흥미롭다. 이를 활용한 'Ⅳ.7 고감도 폭탄 제거'에서는 마흐-첸더 간섭계를 활용한 재미있는 사고실험을 제시한다. 이 실험을 잘 이해하면 양자역학의 오묘함을 만끽할 수 있다. 'Ⅳ.8 과거에서 온 빛'에서는 우주의 퀘이사를 이용해 실험의 규모를 우주적으로 키워본다.

'Ⅴ. 정보로서의 세계'는 차일링거의 결론에 해당하는 장이다. 그의 결론은 다음 두 문장으로 요약된다.

"자연법칙들은 실재와 정보를 구분하지 않아야 한다."(본문 274쪽)

"정보는 우주의 근원 재료이다."(본문 275쪽)

물론 차일링거의 이런 결론은 다분히 논쟁적이지만 양자역학과 우리 우주의 본질에 다가서는 한 가지 흥미로운 접근임은 분명하다.

양자역학의 세계에서는 거시적인 우리 일상의 상식이 많이 무너진다. 이 책을 읽고 나면 뭔가를 이해했다는 생각보다는 더욱 혼란만 가중됐다고 느낄 가능성이 더 크다. 그렇다면 여러분은 이 책을 제대로 읽은 것이다. 이미 소개한《퀀텀스토리》와 함께 이 책을 읽으면 EPR 논쟁이나 벨 부등식 관련된 논쟁을 보다 자세히 알 수 있을 것이다.《퀀텀스토리》가 논쟁의 핵심을 따라 개괄적인 스토리 중심으로 글을 풀어나갔다면《아인슈타인의 베일》은 그보다 좀 더 한정된 주제에 맞춰 실험적인 세부 사항들을 포함해 보다 자세하게 파고든다. 그래서 일반인들에게는 선뜻 손에 잡히지 않는 다소 수준 높은 양자역학 책이라고도 할 수 있다.

하지만 그만큼 양자역학의 신묘함을 제대로 느낄 수 있다. 그렇다고 해서 수식이 많은 것도 아니고 기술적인 내용이 너무 까다롭거나 복잡하지도 않다. 중심을 놓치지 않고 잘 따라가면 누구나 본질을 파악할 수 있는 정도다. 여전히 연구에 매진하고 있는, 가장 최근의 노벨상 수상자의 저서라는 점도 이 책의 큰 매력이다.

같이 읽으면 좋은 책 《양자컴퓨터의 미래》, 미치오 카쿠, 김영사
《얽힘의 시대》, 루이자 길더, 부키
《얽힘》, 아미르 D. 액설, 지식의 풍경

13

물리학의 방법론,
생명에 적용하다

생명이란 무엇인가

What is Life?

에르빈 슈뢰딩거 Erwin Schrodinger, 1887-1961

오스트리아의 이론물리학자. 자신의 이름이 붙은 '슈뢰딩거 방정식'으로 유명하다. 슈뢰딩거는 1925년 크리스마스 휴가 때 이 방정식에 착안했고 이듬해에 발표했다. 이 공로로 영국의 폴 디랙Paul Dirac과 함께 1933년 노벨물리학상을 공동수상했고, 같은 해에 나치즘에 반대하여 독일을 떠났다. 1938년까지 오스트리아 그라츠에서 대학교수로 살아가다가 나치가 점령하자 더블린으로 떠나 1955년 은퇴할 때까지 머물렀다. 일흔네 살에 결핵으로 빈에서 사망했다.

1944년에 출판된 《생명이란 무엇인가》는 당대 최고의 물리학자가 생명현상과 관련해 쓴 책이라는 점에서 무척 흥미로운 책이다. 이 책은 물리학의 관점에서 생명현상과 유전을 바라보는 시각을 제공한다. 말하자면 물리학의 방법론을 생명에 적용해 보는 식이다. 이 책에서 큰 감명을 받은 적잖은 사람들이 생물학

으로 뛰어들었다. 그중 대표적인 인물이 1953년 DNA의 이중 나선 구조를 밝힌 미국의 생물학자 제임스 왓슨James Watson과 영국의 분자생물학자 프랜시스 크릭Francis Crick이다.

유전자는 분자다

《생명이란 무엇인가》는 슈뢰딩거가 아일랜드 더블린의 트리니티칼리지에서 더블린고등연구소의 이론물리부장으로 있을 때 대중 강연한 내용을 엮은 책이다. 책의 1장 첫 꼭지에서부터 슈뢰딩거는 이 점을 밝히고 있다. 강연에서 수학을 거의 사용하지 않았지만 물리학과 생물학을 넘나드는 강연의 내용은 난해했다. 그럼에도 400여 명의 청중이 모일 정도로 인기는 대단했다. 그 강연의 주제, 그리고 '생명이란 무엇인가'라는 주제는 살아 있는 유기체 안에서 일어나는 일들을 물리학과 화학으로 어떻게 설명할 수 있는가에 대한 것이다. 이 질문에 답하기 위해 슈뢰딩거는 고전역학과 통계역학, 화학, 그리고 자신이 그 발전에 크게 기여했던 양자역학뿐 아니라 유전 메커니즘과 돌연변이에 이르기까지 당대 과학의 여러 분야를 넘나들며 논의를 이끌어 나간다.

슈뢰딩거가 내린 이 책의 가장 중요한 결론을 한마디로 요약하자면, 유전 물질이 어떤 분자 구조라는 점이다.

"우리가 보여주려는 것은 단지 유전자가 분자라는 이론을 채택할 경우 그 작은 암호문 속에 고도로 복잡하고 세분화된 발생 계획과 그 계획을 실현하는 모종의 수단을 담는 것이 불가능한 일이 아니라는 점이다."(본문 105쪽)

슈뢰딩거가 이렇게 유추한 이유는 '4장 양자역학적 증거'에서 찾아볼 수 있다. 먼저 당대의 X선을 이용한 분석으로부터 유전 물질의 크기가 그리 크지 않아 비교적 적은 수의 원자들만 참여하는 것처럼 보인다. 그럼에도 유전자 구조는 오랜 세월에 걸쳐 잘 보전되며 세대에서 세대를 거치며 유전 정보를 훌륭하게 전달한다. 이는 유전자를 구성하는 많지 않은 원자들이 오랜 세월에 걸쳐 안정적으로 규칙적이며 법칙에 따라 작동한다는 뜻이다. 그것도 인간의 경우 37도라는 상당히 높은 온도(체온)에서 말이다. 이를 고전적인 통계물리학의 관점으로만 설명하기는 쉽지 않다.

그래서 원자들의 연합체인 분자가 유전자의 물질적인 구조일수밖에 없다. 경험적으로 분자가 매우 안정적이라는 사실은 널리 알려져 있었다. 다만 그 이유를 보다 근본적인 수준에서 이해할 수 없었다. 여기서 양자역학이 실마리를 제공한다. 양자역학의 교리에 따르면 원자들이 모여 분자를 이룰 때 최저 에너지 상태가 있고 그다음으로 가능한 상태들이 불연속적으로 존재한다. 따라서 만약 분자들이 최저 에너지 상태에 있다면 그다음 상태에 이르기까지 필요한 에너지가 공급되지 않는 한, 그 분자는 안정된 상태를 유지하게 된다.

양자역학에서의 불연속적인 에너지 상태는 계단에 비유할 수 있다. 반면 고전역학에서는 에너지가 연속적인 값을 가질 수 있는데, 이는 빗면에 비유할 수 있다. 우리가 완만한 빗면 바닥에 서 있으면 약간의 에너지로도 빗면을 따라 올라갈 수 있으며(빗면의 경사가 급하지 않다면 말이다), 에너지가 충분하다면 임의의 위치에까지 빗면을 따라 올라갈 수 있다. 반면 우리가 계단의 바닥에 서 있다면, 계단의 높이를 극복할 수 있을 정도의 에너지가 있어야 다음 계단 위로 올라갈 수 있다. 게다가 우리는 임의의 위치에 있을 수도 없다. 계단 높이의 정수배로만 주어지는 위치에 이를 수 있다. 만약 계단의 높이가 발목 정도가 아니라 성인의 허리 정도에 이른다면 우리는 계단을 오르기 위해 상당한 에너지를 투입해야만 한다. 이것이 양자역학의 세계다.

유전 물질에 대한
다양한 연구가 빚은 책

사실 유전자가 분자라고 주장한 사람은 슈뢰딩거가 처음은 아니었다. 독일 출신의 생물학자 막스 델브뤼크Max Delbrück는 이미 1935년에 유전자를 일종의 분자와 같다고 여겼다. 델브뤼크가 니콜라이 티모페에프-레소프스키N. W. Timofeeff-Ressovky 및 칼 짐머 Carl Zimmer와 함께 쓴 〈유전자 변이 및 유전자 구조의 성질에 대해〉라는 제목의 논문은 분자로서의 유전자를 다루고 있다.[16] 이 논문은《생명이란 무엇인가》에서도 중요하게 인용하는 논문이 며, 5장에서는 아예 델브뤼크 모형을 논하고 있다.

델브뤼크는 학문 경력이 아주 이채로운 과학자다. 괴팅겐 대학에서 천체물리학을 전공했으나 박사학위는 이론물리학으로 받았다. 1930년 박사학위를 받은 뒤 영국, 스위스 등 유럽 여러 나라를 돌아다녔는데, 닐스 보어를 만나 생물학에 관심을 갖게 된다. 양자역학의 태두였던 보어에게서 생물학의 영감을 얻은 것이 흥미롭다. 보어는 생명의 본질을 이해하기 위해 물리학적인 방법론이 필요하다고 역설했는데, 이 점이 델브뤼크뿐 아니라 다른 많은 사람들에게도 큰 감명을 주었다.[17]

이후 델브뤼크는 1932년부터 베를린의 카이저빌헬름연구소에서 물리학자 리제 마이트너Lise Meitner의 조수로 일했다. 1932년은 영국의 제임스 채드윅James Chadwick이 중성자를 발견한 해였다. 중성자는 전기전하가 없기 때문에 전기적으로 양성인 원자핵을 탐색할 때 아주 쓸모가 있다. 당시 과학자들은 우라늄에 중

---

16 Timofeeff-Ressovky, N. W., K. G. Zimmer, and M. Delbrück "Über die Natur der Genmutation und der Genstruktur" (Weidmannsche Buchhandlung, 1935). Nachrichten Göttingen
17 《생물학의 역사》, 쑨이린, 더숲

성자를 쏘아 우라늄보다 무거운 초우라늄 원소를 만들기 위해 애쓰고 있었다. 마이트너도 오토 한Otto Hahn과 함께 초우라늄 연구에 뛰어들었는데, 이 과정에서 오히려 우라늄 원자핵이 쪼개지는 핵분열 현상을 처음으로 발견했다. 이때가 1938년으로, 델브뤼크는 그 전해인 1937년에 나치 치하의 독일을 떠나 미국으로 건너갔다. 카이저빌헬름연구소 시절에 물리학 관련 논문도 썼으나 1933년에 이미 방사선에 의한 초파리의 돌연변이 연구진에도 참여했다.

미국으로 건너간 델브뤼크는 잠시 미국의 생물학자 토머스 모건Thomas Hunt Morgan의 초파리 연구실과 그 분야 사람들에게도 관심을 보였으나, 역시나 초파리는 '분자'생물학을 고민하는 과학자에게는 너무나 거시적인 대상물이었다. 그런 델브뤼크에게 우연히 알게 된 박테리오파지bacteriophage는 축복 같은 존재였다. 생물과 무생물의 중간단계에 있으면서 구조도 그 이상 단순할 수 없을 뿐더러 짧은 시간 동안 수많은 개체로 증식할 수 있기 때문이다.

미국에서 델브뤼크는 이탈리아 출신의 미생물학자 살바도르 루리아Salvador Edward Luria와 미국 출신의 생물학자 앨프리드 허시 Alfred Day Hershey를 차례로 만나 공동연구를 이어나갔다. 이들은 박테리오파지가 어떻게 세균에 침투해 자가증식하고 유전 정보가 어떻게 옮겨지는지를 규명했다. 델브뤼크와 루리아는 세균

이 무작위적으로 변이를 일으키며 그 변이가 예컨대 세균을 감염시키는 박테리오파지에 의해서 유도되는 것이 아님을 보였다. 그중에 특정 박테리오파지에 면역을 보이는 세균만 살아남는다. 이는 장 바티스트 라마르크Jean Baptiste Lamarck의 용불용설用不用說(자주 사용하는 기관은 생물이 세대를 거듭함에 따라 발달하며, 그렇지 않은 기관은 점점 퇴화한다는 학설)이 틀렸고 다윈의 자연선택설이 옳음을 뒷받침하게 되었다. 또한 세균 같은 미생물에도 유전자가 있음이 드러났다. 1940년대 초반까지만 해도 세균 따위에는 유전자가 존재하지 않는다는 것이 중론이었다. 바이러스의 복제기제와 유전자 구조를 규명한 공로로 델브뤼크와 루리아, 허시는 1969년 노벨생리의학상을 공동으로 수상했다.

1903년 월터 서턴Walter Stanborough Sutton과 테오도어 보베리Theodor Boveri가 유전 물질이 염색체 위에 존재한다는 염색체설을 주장하고 1909년 덴마크의 식물학자 빌헬름 요한센Wilhelm Johannsen이 유전자라는 이름을 처음 사용한 이래 20세기 초의 생물학자들은 당연히 유전물질의 정체를 찾기 위해 많은 노력을 기울였다. 1928년 영국의 의사이자 유전학자 프레더릭 그리피스Frederick Griffith는 폐렴구균에서 형질 전환 현상을 발견해 유전물질이 어떤 화학적인 물질임을 강력하게 시사했고, 캐나다의 의사이자 유전학자 오즈월드 에이버리Oswald Avery는 이후 그리피스의 실험을 보다 향상시켜 형질 전환의 원인 물질이 핵산의 일종인 DNA임을 입증했다. 이는 유전물질이 단백질일 것이라는 당대의 통념을 뒤집는 결과였다. 이때가 《생명이란 무엇인가》가 출판된 1944년이었다.

델브뤼크와 함께 박테리오파지를 연구했던 허시는 미국의 유전학자 마사 체이스Martha Cowles Chase와 함께 박테리오파지에 일종의 생체추적기인 방사성 원소를 투입하는 실험(허시-체이스 실험)을 진행했다. 방사성 원소를 추적한 결과 이들은 1951년 유전 정보가 박테리오파지의 단백질이 아닌 DNA를 통해 전달됨을 명확하게 확인할 수 있었다. 그로부터 2년 뒤인 1953년 왓슨과 크릭이 DNA의 이중나선 구조를 규명했다.

《생명이란 무엇인가》가 잘 보여주듯 요즘 우리가 흔히 얘기하는 학문간 융합이 그 시절에는 아주 자연스럽고도 광범위하게 일어났음을 알 수 있다. 보어, 슈뢰딩거, 델브뤼크 같은 과학자들이 그런 사람들이었고 이들의 선구적인 혜안 덕분에 많은 인재들이 생물학에 뛰어들어 분자생물학의 새 시대를 열었다. 그런 까닭에 《생명이란 무엇인가》는 물리학뿐 아니라 분자생물학에서도 중요한 고전으로 평가받고 있다.

같이 읽으면 좋은 책 《이중나선》, 제임스 왓슨, 궁리출판

14

'보는 것이 믿는 것'이라는 상식을 깨버린
현대 과학철학의 전설

《과학적 발견의 패턴》

Patterns of Discovery:
An Inquiry into the Conceptual Foundations of Science

노우드 러셀 핸슨 Norwood Russell Hanson, 1924~1967
미국 뉴저지 출신의 과학철학자로 청소년기에는 뉴욕 필하모닉 오케스트라의 수석
트럼펫 주자이기도 했다. 2차 세계대전이 일어났을 때는 해병대 전투기 조종사로 참
전해 많은 공을 세우고 훈장까지 받았다. 세계대전 이후에 학자로 복귀하여 영국의 옥
스퍼드 대학과 케임브리지 대학에서 박사학위를 받은 뒤 미국으로 돌아와 인디애나
대학에 과학사 및 과학철학과를 설립했다. 1967년에 경비행기 비행 중 사고로 마흔세
살의 나이에 세상을 떠났다.

1957년 출간된《과학적 발견의 패턴》은 과학철학적으로 '관찰
의 이론적재성theory-ladenness'이라는 개념을 제시한 중요한 저작으
로 평가받는다.

《과학적 발견의 패턴》은 노우드 러셀 핸슨의 대표작으로 이후
토머스 쿤Thomas Samuel Kuhn이 1962년에 펴낸 저 유명한《과학혁

명의 구조The Structure of Scientific Revolutions》에도 큰 영향을 끼쳤다. 핸슨은 이 책에서 쿤보다 앞서 '패러다임paradigm'이라는 단어를 사용했다. 《과학적 발견의 패턴》은 과학철학이 주제인 책이지만 여기서 다루는 소재들은 케플러와 갈릴레이, 뉴턴, 그리고 양자역학 등 물리학이 대부분이다. 물리학의 역사를 조금 아는 독자들이라면 책을 읽는 데 도움이 될 것이다. 갈릴레이 및 데카르트의 논증, 케플러의 연구와 뉴턴의 《프린키피아》를 예로 들 때는 약간 전문적인 내용도 소개돼 있다. 기하학이나 대수를 전혀 모르는 독자라면 잠시 당황스러울 수도 있지만, 아주 세부적인 사항들은 잘 몰라도 전체적인 내용을 따라가는 데 큰 무리는 없을 것이다.

보통의 교양과학서라면 전문적인 과학 지식을 전달하는 게 주목적이지만, 이 책은 과학 자체를 한 발 떨어져서 조망하고 있다. 그래서 과학이란 무엇이고 어떻게 성립하는지를 메타과학적인 관점에서 살펴보는 좋은 계기가 되어줄 책이다.

과학은 귀납적으로나 반증으로 성립되지 않는다

보통 사람들이 과학에 대해 가지고 있는 가장 흔한 심상은 귀납주의다. 즉 편견을 배제하고 아주 객관적으로 자연현상을 관찰하고 데이터를 충실하게 모은 뒤 그로부터 보편적인 자연의 법칙을 이끌어내는 것이 과학 활동의 본질이라는 심상이다. 핸슨은 바로 여기서 '관찰'이라는 행위부터 문제를 제기한다. 관찰, 즉 보는 행위는 누구에게나 똑같은 것일까? 덴마크의 천문학자 튀코 브라헤Tycho Brahe와 그의 조수 요하네스 케플러가 나란히 언덕 위에서 아침에 떠오르는 태양을 바라보고 있을 때, 그 두 사람은 똑같은 자연현상을 보고 있었던 것일까? 물론 튀코와 케플러는 똑같은 시각적 경험을 공유한다. 그러나 본질적으로 중요한 것은 시각적인 경험으로부터 어떤 개념적 조직화가 이루어지는가이다.

"튀코는 태양이 수평선에서 떠올라 수평선으로 지는 것을 본다. 그는 태양이 (달과 행성들을 거느린) 고정된 지구 주위를 돌고 있다고 본다. (중략) 그러나 케플러의 시각적 영역은 튀코와는 다른 개념적 조직화를 거친다. 케플러가 본 해돋이를 그린다면 튀코가 본 것을 그린 것과 일치할 수 있으며 동일한 것으로 해석될 수도 있을 것이다. 그러나 케플러는 수평선이 깊어지면서, 하늘에 고정된 태양으로부터 멀어진다고 볼 것이다."(본문50쪽)

케플러는 코페르니쿠스의 태양중심설을 신봉했으나 튀코의 천체관은 기본적으로 지구중심설이었다. 지구가 우주에 고정돼 있고 달과 태양이 지구 주위를 돌고 있는데, 다만 다른 행성들이 태양 주위를 돌고 있다는 일종의 하이브리드 천체관이었다. 튀코와 케플러는 같은 것을 보면서도 다른 것을 보았던 셈이다. 핸슨에 따르면 본다는 것, 즉 관찰은 '이론 적재적theory-laden인 작업이다. 보는 행위 자체에 이론이 개입돼 있다는 뜻이다. "지식은 본다는 것에 포함되는 것이지 첨가되는 것이 아니다."(본문 48쪽) 따라서 동일한 것을 본다는 것은 똑같은 시각적 경험을 한다는 것을 넘어 동일한 지식과 이론을 공유하고 있다는 점까지 가리키고 있다.

현대적인 예를 하나 들자면, 똑같은 MRI 영상이 있더라도 보통 사람들과 영상전문의사는 전혀 다른 것을 볼 것이다. 똑같은 바둑판 위의 돌들도 보통 사람들과 프로 바둑기사들에게는 다르게 보일 것이다. 초일류기사들은 보통의 기사들과는 또 다른 것을 볼 것이고, 인공지능은 초일류가 보지 못하는 것을 볼 수도 있다. 핸슨은 간단한 도형과 그림들을 예로 들어 같은 대상이라도 사람에 따라, 또는 맥락에 따라 어떻게 다르게 볼 수 있는지 설득력 있게 제시하고 있다.

귀납주의의 변형된 형태 중에 반증주의가 있다. 이는 20세기의 가장 위대한 과학철학자인 칼 포퍼Karl Raimund Popper가 제시한 개념으로, 과학 이론은 귀납추론으로 확증될 수는 없으나 그와 어긋나는 실험적 결과로 반증될 뿐이며 반증 시도를 계속 극복하면서 발전한다고 말했다. 따라서 좋은 과학 이론이란 반증가능성이 높은 이론이며 반대로 반증가능성이 없으면 과학이라고 할 수 없다는 것이다. 포퍼식의 반증주의는 일선 과학자들에게도 널리 퍼져 있어 반증가능성 여부로 과학과 비과학을 흔히 나누곤 한다. 예컨대 우리 우주의 근본적인 단위가 점입자가 아니라 1차원적인 끈이라는 끈이론string theory을 반대하는 사람들은 끈이론에 반증가능성이 없다는 이유로 끈이론을 정통과학에서 배제하기도 한다.

그러나 핸슨에 따르면 과학은 귀납적으로나 반증으로 성립되는 것이 아니다. 핸슨은 미국 철학자 찰스 퍼스Charles Sanders Peirce가 귀추적 추론이라고 명명한 방법론에 주의를 기울였다. "귀추는 사실을 언급하고, 그것들을 설명하는 이론을 고안하는 것으로 구성된다."(본문 153쪽) 과학자들은 관찰 사실들로부터 가설을 세우면서 개념적인 패턴을 추구한다. 왜냐하면 "현상으로부터 패턴을 인식하는 것은 현상들이 '자연스럽게 설명될 수 있는' 존재가 될 수 있는 핵심"(본문 155쪽)이기 때문이다. 어떤 현상을 성공적으로 설명하는 가설이 패턴화되면 추가적인 실험이나 새로운 예측이 필요하지 않게 된다. 핸슨에 따르면 케플러가 행성들의 운동에서 타원궤도라는 '패턴'을 찾아낸 이후로는 새로운 관찰을 할 필요가 없었고, 뉴턴이 만유인력의 법칙을 확신하기 위해 새로운 예측을 필요로 하지도 않았다.

여기서 핸슨은 하나의 견고한 체계, 또는 집합적 구조로서의 과학 이론을 제시한다. "물리학적 이론들은 데이터들이 그 안에서 이해될 수 있는 틀을 제시한다. 물리학 이론들은 하나의 '개념적인 게슈탈트Conceptual Gestalt'를 구성한다. 하나의 이론은 관찰된 현상들로 짜 맞춰진 것이 아니다. 오히려 현상들을 특정한 종류의 것으로 그리고 다른 현상들과 연관된 것으로 보이게 만드는 것이다. 이론은 현상들을 체계적으로 만든다. 이론은 '역으로 in reverse' 형성된다. 즉 귀추적으로 형성되는 것이다."(본문 160쪽) 여기서 '게슈탈트'란 부분들이 모여서 만들어진 전체가 아니라 부분들로 쪼갤 수 없는, 그 자체로 완전하게 통합된 구조로서의 전체를 뜻한다.

핸슨의 이런 주장은 후대의 토머스 쿤의 패러다임 이론을 연상시킨다. 개념적인 게슈탈트로서의 과학 이론은 단순한 현상들의 의미 없는 집합을 넘어서는 구조로서 경험적으로 참인 체계다. 그래서 예컨대 수성의 궤도가 고정돼 있지 않고 태양에 가장 가까운 근일점이 계속 움직이면서 고전역학의 예측과 어긋나는 관측 결과를 보이더라도 그 때문에 뉴턴역학 전체를 폐기하는 일은 일어나지 않았다. 실제로는 뉴턴역학의 체계 속에서 그 해법을 찾으려 노력했다. 뉴턴의 만유인력의 법칙을 밀어낸 것은 수성의 근일점 이동이라는 관측 결과가 아니라 아인슈타인의 일반상대성이론이라는 새로운 이론이었다. 즉 뉴턴역학의 체계는 그 체계와 어긋나는 관측 결과(수성의 근일점 이동)로 반증되지 않았다. 개념적인 게슈탈트로서의 과학 이론은 손쉽게 반증되지 않는다.

소립자물리학의 이해를 위한 책

핸슨이 이 책을 쓴 주된 이유는 머리말에서 직접 밝혔듯이, 당시의 과학철학자들이 소립자물리학 이론의 특성을 제대로 이해하지 못했기 때문이다. 여기서 소립자물리학이란 양자역학을 가리킨다. 이 내용은 이 책의 마지막 6장 '소립자물리학'에서 다루고 있고, "나는 특별히 마지막 장을 염두에 두고 이것을 썼다."(본문 13쪽)라고도 밝히고 있다. 여기서 핸슨은 양자역학의 극단적인 묘사불가능성, 양자역학적 입자의 동일성, 불확정성의 원리 등이 양자역학의 개념적 패턴으로 확립되었는지를 자세하게 따져보고 있다. 나머지 1장부터 5장까지는 6장을 위한 사전준비 단계라 할 수 있다. 바로 앞 장인 5장 '고전 입자물리학'은 뉴턴 역학, 특히 뉴턴의 운동 제1법칙과 제3법칙 및 만유인력의 법칙 등이 어떻게 귀추적인 과정을 통해 새로운 개념적 패턴으로서 게슈탈트를 형성했는지 살펴본다.

　핸슨이 이 책에서 강조한 관찰의 이론적재성은 1920~1930년대를 풍미했던 논리실증주의에 기초한 귀납주의나 반증주의에 큰 타격을 가했으며 이후 쿤, 러커토시 임레Lakatos Imre, 파울 파이어아벤트Paul Feyerabend 등의 현대 과학철학자들에게 큰 영향을 끼쳤다. 그런 점에서 《과학적 발견의 패턴》은 현대 과학철학사의 중요한 분기점을 점유하고 있는 책이다.

🔖 **같이 읽으면 좋은 책** 《객관성의 칼날》, 찰스 길리스피, 새물결

《과학혁명의 구조》, 토머스 쿤, 까치

(((**15**)))

우주의 근본적인 에너지로
인류의 역사를 바꾼 드라마

●━ⅰⅰ╮━●

《원자폭탄 만들기》

The Making of The Atomic Bomb

리처드 로즈 Richard Rhodes, 1937~
미국 캔자스시에서 태어난 역사학자이자 저널리스트. 1959년 예일 대학을 졸업하고,
<뉴스위크>, 뉴욕의 자유 유럽 라디오 방송국에서 기자로 근무했다. 1986년 과학자,
정치가, 군인, 심지어 피폭자까지 600건의 문헌과 수백 명의 증언을 바탕으로 원자
폭탄의 개발의 역사를 재구성한 《원자 폭탄 만들기》로 퓰리처상 논픽션 부문(1988
년), 전미 도서상(1987년), 전미 도서 비평가협회상(1987년)을 수상하며 세계적인
저술가 반열에 올랐다. 현대 영미권의 대표적인 논픽션 작가인 리처드 로즈는 자신의
장르를 '베리티verity', 즉 '진실' '진술의 진실성'이라는 의미로 부른다.

20세기를 특징짓는 단 하나의 장면을 꼽으라면 나는 주저 없이
1945년 8월 6일 히로시마에 피어오른 버섯구름을 선택한다. 그
이전과 이후 세상을 뚜렷하게 구분하는 수많은 요소들이 거기
에 함축돼 있기 때문이다. 무엇보다 우리 인류는 완전히 새로운
종류의 에너지를 손에 넣게 되었다. 원자핵 속에 감춰졌던 그 에

너지는 이전에 인류가 사용하던 에너지보다 최소 수백만 배나 더 큰 에너지를 쏟아낼 수 있다. 그렇게 큰 에너지가 일시에 분출하도록 만든 핵무기는 도시 하나를 완전히 절멸시킬 위력을 가졌으며, 그 때문에 오랜 세월 인류의 역사와 함께했던 전쟁의 개념조차 바뀌어버렸다. 또한 핵무기의 등장과 일본의 패망으로 형성된 전후질서는 21세기인 지금까지도 큰 틀에서 유지되고 있다. 그 모든 것을 가능하게 한 것이 물리학자들이었다는 점도 흥미롭다. 히로시마의 버섯구름은 과학자들이 어떻게 세상을 바꿀 수 있는지를 역사상 가장 극명한 방식으로 보여준다.

인류의 역사를 바꾼 핵무기는 대체 어떻게 만들어졌을까? 이 질문에 대한 답이 궁금하다면 꼭 읽어야 할 책이 바로 《원자폭탄 만들기》다.

인류의 역사를 바꾼 원자폭탄

'원자폭탄atomic bomb'은 말 그대로 원자 속의 에너지를 이용한 폭탄이다. 따라서 그 원리를 이해하려면 우선 원자가 무엇인지부터 제대로 알아야 한다. 이 책은 바로 그 지점, 즉 우리가 원자를 제대로 이해하기 시작한 무렵까지 거슬러 올라가 이야기를 시작한다. 그리고 이 여정의 끝으로 1945년 핵무기 실전 투하와 종전, 그리고 그 이후 후기까지 다루고 있다. 사실 이 정도 방대한 양을 다루려면 이 정도 분량(번역서 2권)으로는 도저히 불충분할 것 같은 느낌이다. 그럼에도 로즈는 그리 많지 않은 분량 속에 정말로 방대한 이야기를 깔끔하면서도 균형감 있게 녹여냈다.

《원자폭탄 만들기》의 놀라운 점은 단지 과학이나 과학자들 이야기만 다루는 게 아니라는 점이다. 중요한 정치사회적인 사건들, 심지어 군사적인 상황과 전선의 전황까지도 생생하게 전달해 준다. 여기에는 연합국뿐 아니라 독일과 일본도 포함된다. 그래서 책 한 권이 여러 권의 책을 대신하는 듯한 느낌을 받을 수 있을 것이다.

그 기나긴 여정의 첫 발을 헝가리 출신의 실라르드 레오Szilárd Leó로 시작한 점이 무척 인상적이다. 실라르드는 1939년 아인슈타인과 함께 미국의 루스벨트 대통령에게 나치의 핵무기 개발 가능성을 우려하는 편지를 쓴 것으로 유명하다. 다방면에 걸쳐 천재적인 재능을 보였던 실라르드는 핵무기라는 개념을 처음으로 생각했던 사람들 중 하나였다. 그 시기는 영국의 제임스 채드윅이 중성자를 발견한 이듬해인 1933년이었다. 사실 핵폭탄이든 핵발전소든 핵분열로 에너지를 얻는 과정은 한마디로 중성자 놀음이라 할 수 있다.

그때까지 원자핵 내부를 탐색하는 좋은 물질은 알파입자였다. 알파입자란 헬륨원자핵이다. 헬륨원자핵은 양의 전기를 띠고 있어서 다른 원자핵에 쏘았을 때 전기적인 반발력을 극복해야 하는 어려움이 있다. 반면 중성자는 전기적으로 중성이라 그런 어려움이 없다. 실라르드는 개념적으로, 만약 어떤 원소를 중성자로 쪼갤 수 있고, 그 과정에서 나오는 중성자가 다시 다른 원자핵을 쪼갠다면, 그리고 그런 원소의 양이 충분히 많다면 연쇄반응을 유지할 수 있을 것으로 상상했다. 하지만 당시로서는 원자핵이 쪼개진다는 개념조차 없던 시절이었다. 당연히 어떤 원소가 그런 성질을 갖고 있는지도 몰랐다.

중성자로 재미를 본 과학자 중에 이탈리아의 물리학자 엔리코 페르미Enrico Fermi를 빼놓을 수 없다. 1934년 마리 퀴리Marie Skłodowska-Curie의 딸인 이렌 졸리오-퀴리Irène Joliot-Curie가 남편 프레데리크 졸리오-퀴리Frédéric Joliot-Curie와 함께 알루미늄이나 마그네슘 같은 평범한 원소에 알파입자를 때려 방사성 원소로 바꾸는 데 성공했다. 페르미는 로마 대학의 연구진을 이끌고 이렌과 비슷한 실험을 중성자를 이용해 수행했고, 그 결과 다수의 방사성 원소를 얻는 데 성공했다. 이 과정에서 페르미 연구진은 우라늄에 중성자를 때려 93번과 94번의 새 원소를 발견했다고 발표했다. 당시에 주기율표에서 알려진 원소는 92번 우라늄까지였다.

다른 연구진들도 페르미를 따라 비슷한 실험을 수행했다. 그중에서 독일의 화학자 오토 한과 프리츠 슈트라스만Friedrich Wilhelm Fritz Straßmann은 1938년 우라늄에 중성자를 때리는 실험 와중에 이상한 결과를 발견했다. 반응 후에 생긴 물질이 우라늄보다 더 무거운 초우라늄이 아니라 널리 알려진 바륨과 비슷했던 것이다. 그리고 이 과정에서 아주 큰 에너지가 방출되었다. 오토 한의 동료였던 리제 마이트너Lise Meitner와 그의 조카 오토 프리슈Otto Robert Frisch는 중성자가 우라늄을 보다 가벼운 바륨으로 쪼갰으며, 그 과정에서 반응 전후의 질량 차이만큼 아인슈타인의 $E=mc^2$ 공식에 따라 엄청난 에너지를 방출한다고 올바르게 해석했다. 당시 이들은 나치를 피해 독일을 떠나 스웨덴으로 피신해 있었다. 프리슈는 생물학의 세포 분열에서 이름을 따 이 현상을 '핵분열'이라 불렀다.

1939년 초부터 오토 한과 슈트라스만, 마이트너와 프리슈의 논문이 잇달아 출판되었다. 우라늄 원자핵이 쪼개졌다는 소식은 곧 대서양을 건너 미국에도 퍼지기 시작했다. 똑똑한 과학자들은 이것이 곧 엄청난 폭탄 제조로 이어질 수 있음을 깨달았다. 우라늄에 중성자를 때려 핵을 분열시키고 그때 방출되는 평균 2.5개의 중성자가 이웃한 원자핵을 계속 분열시키면 짧은 시간 동안 핵분열에 참여하는 원자핵은 기하급수적으로 늘어나며 거시적으로 방대한 에너지를 방출하게 된다. 그것이 핵폭탄이다. 하필 그해 9월에 히틀러는 폴란드를 침공했다.

프리슈는 영국으로 건너가 독일 출신의 물리학자 루돌프 파이얼스Rudolf Ernst Peierls와 함께 1940년 이른바 '슈퍼폭탄'에 관한 비망록을 작성했다. 여기에는 우라늄의 연쇄핵반응, 임계질량,

폭탄제조법, 폭탄의 파괴력, 독일의 폭탄 개발 가능성 등이 망라되어 있다. 임계질량이란 연쇄핵반응이 일어나기 위한 최소한의 질량이다.

프리슈-파이얼스 보고서는 당시 영국에서 영향력 있는 화학자였던 헨리 티저드Henry Tizard에게 전달되었고, 티저드는 이에 대응하기 위해 새 위원회를 만들었다. 이 위원회는 이후 모드MAUD위원회로 개명했는데, 그 최종보고서가 1941년 미국에 전달되었다. 가장 중요한 결론은 2년 안에 비행기에 실을 정도로 작은 핵폭탄을 만들 수 있다는 것이었다. 이때부터 미국은 본격적으로 핵무기 개발 계획에 뛰어들었고 마침내 1942년 9월, 육군 장군 레슬리 그로브스Leslie Richard Groves를 책임자로 하는 맨해튼 프로젝트Manhattan Project가 공식적으로 시작되었다. 그로브스는 그해 10월 로버트 오펜하이머Robert Oppenheimer를 연구책임자로 임명했다. 오펜하이머의 제안에 따라 미국은 로스앨러모스에 연구 단지를 만들고 전국의 과학자들을 이곳으로 불러 모았다. 1942년 12월, 페르미는 시카고 대학에서 사상 최초로 인공 원자로를 만드는 데 성공했다. 이로써 자발적인 연쇄핵분열이 가능함이 실증되었다.

한편 1941년 미국 버클리 대학의 글렌 시보그Glenn Seaborg는 94번 플루토늄을 발견했다. 플루토늄은 우라늄처럼 핵무기를 만들 수 있는 원료물질이다. 핵무기의 원료물질을 얻는 것은 쉽지 않았다. 천연우라늄의 99.3%를 차지하는 우라늄238은 자발적으로 연쇄핵반응을 유지할 수 없다. 반면 연쇄핵반응이 가능한 우라늄235는 0.7%밖에 존재하지 않는다. 이 둘은 원자번호가 같은 동위원소여서 화학적인 방법으로는 분리할 수 없다. 미세한 질량 차이를 이용한 물리적인 방법을 써야 한다. 사이클로트론이라는 입자가속기를 개발해 1939년 노벨물리학상을 수상한 버클리 대학의 어니스트 로런스Ernest Lawrence는 자신의 가속기를 응용한 칼루트론이라는 장치를 이용해 이른바 전자기분리법으로 우라늄235를 분리했다. 전자기분리법에 사용할 전자석에 필요한 구리가 부족하자 재무성의 은을 1만 4,000톤 이상 빌리기도 했다. 또한 다공성물질을 통과시킬 때 확산속도가 달라지는 성질을 이용한 기체확산법으로도 우라늄 235를 분리할 수 있다. 테네시주 오크리지에는 대규모 공장이 차려져 이들 방법으로 우라늄을 농축했다. 한편 워싱턴주 핸포드에는 플루토늄을 생산하기 위한 핵반응로가 건설되었다. 핵무기에 사용되는 플루토늄239는 우라늄238에 중성자를 때려 만들 수 있으며 화학적으로 분리할 수 있다.

구체적인 폭탄의 구조는 매우 단순했다. 임계질량 이하의 우라늄 두 덩어리를 분리해 뒀다가 재래식 폭약을 터뜨려 하나로 합쳤을 때 임계질량을 초과하게 만드는 것이다. 이런 구조를 포신형이라 한다. 히로시마에 떨어진 우라늄탄인 리틀보이는 포신형으로 만들어졌다. 플루토늄은 포신형으로 만드는 데 문제가 있어 구형대칭으로 재래식 폭약을 터뜨려 플루토늄을 압착하는 내폭형 설계로 폭탄을 만들었다. 내폭형은 구조가 복잡하고 성공 가능성이 비교적 낮아 폭발 실험을 하기로 했다. 그 실험이 1945년 7월 16일에 시행된 트리니티 실험이다.

실험은 대성공이었다. 이때 측정된 폭발력은 재래식 폭약인 TNT 약 2만 톤이었다. 이는 당시 미군의 전략폭격기 B29 2,000대가 동시에 폭격하는 규모였다. 트리니티 실험이 있던 날 아침, 실전에 쓰일 우라늄 일부가 미 공군기지가 있던 태평양의 티니언 섬으로 출발했다. 트리니티 실험의 성공 소식은 그 이튿날부터 시작된 포츠담회담에 참석했던 트루먼 대통령에게 전달되었다. 포츠담회담 선언문에는 새로운 무기에 대한 언급 없이 일본에 즉각적이고 무조건적인 항복을 촉구했다.

트리니티 실험으로부터 꼭 3주 뒤 사전 실험이 전혀 없었던 우라늄탄이 히로시마에 투하되었다. 폭발 규모는 TNT 1만 5,000톤이었다. 폭발에 의한 뜨거운 열기와 폭풍으로 폭발 몇 분 안에 약 8만 명이 사망했다. 사흘 뒤에는 나가사키에 플루토늄탄인 '팻맨'이 투하되었다.

현재의 국제정세를 이해하기 위한
하나의 방편으로서의 핵무기

그로부터 얼마 뒤 일본이 항복하면서 전쟁은 끝났다. 그 뒤에 들어선 전후질서는 냉전과 핵무기 경쟁 속에 구축되었고, 그 질서의 기본적인 구도는 지금까지도 작동하고 있다. 핵무기는 지금도 국제정세를 규정하는 중요한 요소다. 우리 또한 북한 핵무기가 현안이며, 우크라이나-러시아 전쟁에서도 전술핵 사용 여부가 큰 변곡점으로 작용할 것이다. 따라서 21세기 현재의 세계를 이해하기 위해서도 핵무기가 어떤 국제정세 속에서 개발되었는지, 그와 관련된 과학기술적인 원리가 무엇인지, 이후 세계는 어떻게 바뀌었는지를 아는 것이 중요하다. 그 출발점으로 삼을 최상의 선택은 단연 《원자폭탄 만들기》다.

이 책을 읽을 때는 세부적인 과학적 내용을 한꺼번에 다 이해하려고 하기보다 처음 읽을 때는 큰 줄기만 파악하고 넘어가는 것이 좋다. 워낙 많은 사건이 있었고 관련된 인물도 많기 때문에 주요 사건과 인물들은 따로 메모하면서 나름대로 연표로 정리하며 책을 읽는 것도 큰 도움이 될 것이다.

💡 **같이 읽으면 좋은 책** 《아메리칸 프로메테우스》, 카이 버드·마틴 셔윈, 사이언스북스
《수소폭탄 만들기》, 리처드 로즈, 사이언스북스
《카운트다운 히로시마》, 스티븐 워커, 황금가지

16

인류에 새로운 불을 가져다준
20세기 프로메테우스의 일대기

《아메리칸 프로메테우스》

American Prometheus

카이 버드 Kai Bird, 1951~

미국의 작가이자 칼럼니스트. 1951년 오리건주 유진에서 태어났다. 1973년 칼턴 칼리지에서 역사학을, 1975년 노스웨스턴 대학에서 언론학 석사를 받았다. 존 사이먼 구겐하임 재단, 알리시아 패터슨 저널리즘 펠로십, 맥아더 재단, 록펠러 재단, 토머스 왓슨 재단, 독일 마셜 기금, 그리고 우드러 윌슨 국제연구센터 등의 지원을 받았다. 현재 <더 네이션>의 객원 편집자로 활동 중이다.

마틴 셔윈 Martin J. Sherwin, 1937~2021

미국의 역사학자. 프린스턴 대학, 펜실베니아 대학, 캘리포니아 대학 버클리 캠퍼스, 그리고 핵시대 역사와 인문학 센터를 설립한 터프츠 대학에서 월터 S. 딕슨 영미사를 가르쳤으며, 같은 대학의 원자력 시대 역사 및 인문학 센터를 설립했다. 맥아더 재단, 존 사이먼 구겐하임 재단, 미국 학술 아카데미, 국립 인문학 기금, 록펠러 재단의 지원을 받았다. 2021년 폐암으로 세상을 떠났다.

《아메리칸 프로메테우스》는 핵무기 개발의 주역이었던 미국의 이론물리학자 로버트 오펜하이머의 일대기를 그린 작품이다. 이 책은 2023년 크리스토퍼 놀란Christopher Nolan 감독의 영화 〈오펜하이머〉의 원작이기도 하다. 프로메테우스는 신에게서 불을 훔쳐 인간에게 가져다준 죄로 고초를 겪는 그리스-로마 신화에 등장하는 신이다. 오펜하이머는 인류 역사상 전례가 없는 새로운 종류의 에너지를 끄집어내 전쟁을 끝내고, 이후 그와 관련된 일로 고초를 겪었다는 점에서 '아메리칸 프로메테우스'라는 작명은 오펜하이머를 설명하는 가장 적절한 표현이 아닐까 싶다.

오펜하이머의 천재성, 거대 프로젝트를 이끌다

줄리어스 로버트 오펜하이머(1904~1967)는 맨해튼 프로젝트의 과학 분야 책임자로서 당시 버클리 대학 물리학과 교수였다. 오펜하이머는 스물한 살이던 1925년 하버드 대학을 3년 만에 수석으로 졸업할 만큼 천재였다. 언어능력도 출중해서 6개 국어를 능통하게 구사했으며 그중에는 산스크리트어도 있었다. 하버드 대학에서는 화학을 전공했으나 나중에는 자신이 정말 관심 있었던 학문이 물리학이었음을 깨닫고 퍼시 윌리엄스 브리지먼 Percy Williams Bridgman에게서 물리학을 배웠다.

하버드 대학을 졸업한 뒤에는 영국 캐번디시 연구소로 갔다. 그때 그의 지도교수는 1897년 전자를 발견한 조지프 존 톰슨 Joseph John Thomson이었다. 톰슨은 1906년 노벨물리학상을 수상한 저명한 과학자였지만 당시는 은퇴한 명예교수였다. 그러나 실험물리학은 오펜하이머와 잘 맞지 않았고 그에겐 재능도 없었다. 케임브리지 대학에서 1년을 보낸 오펜하이머는 독일의 괴팅 겐으로 옮겼다. 실험물리학 중심의 영국보다 이론물리학 중심 의 독일이 오펜하이머와 훨씬 더 잘 맞았다.

오펜하이머가 케임브리지 대학을 떠났던 1926년의 괴팅겐은 말하자면 양자역학의 혁명을 주도했던 본산이었다. 오펜하이머 의 박사학위 지도교수는 그 혁명의 핵심에 있었던 막스 보른 Max Born이었다. 보른은 오펜하이머가 괴팅겐에 도착하기 직전에 양 자역학의 확률론적 해석을 제시했다. 이는 고전역학과의 완전 한 결별이었다. 오펜하이머는 이듬해 박사학위를 받고 네덜란 드 등에서 유학한 뒤 1929년 버클리 대학의 물리학 교수로 임 용되었다. 학문의 혁명기에 그 중심지에서 학위를 받았다는 것 은 엄청난 행운이었다.

이후 10여 년 동안 오펜하이머는 이론물리학의 다양한 영역 을 넘나들며 연구를 해나갔다. 1930년 발표한 〈전자와 양성자 이론에 내해(On the Theory of Electrons〉라는 논문은 1928년 폴 디랙Paul Dirac이 발표한 디랙방정식의 풀이와 관련된 내용이었다. 디랙은 자신의 방정식에서 도출되는 음의 에너지 풀이를 제대로 이해 하지 못하고 양성자로 인식하기도 했다. 오펜하이머는 만약 그 풀이가 양성자라면 원자가 안정적인 상태를 유지하지 못할 것 임을 지적했다. 이후 이 입자는 전자와 질량이 같아야 하며 결국 양전자positron라고 하는 새로운 입자임이 밝혀졌다.

1935년에는 자신의 박사후연구원 멜바 필립스Melba Phillips와 함께 〈중양성자 변환기능의 특징Note on the Transmutation Function for Deuterons〉이라는 논문을 발표했다. 이는 핵물리학과 관련된 연구였다. 특이한 점은 오펜하이머가 맨해튼 프로젝트 시행 전까지 계속 핵물리학을 연구한 게 아니고 1930년대 후반에는 천체물리학으로 방향을 틀었다는 점이다. 그는 1938년과 1939년에 걸쳐 중성자별 및 중력수축에 관해 세 편의 논문을 발표했다. 중성자별이 존재할 수 있는 질량의 상한선인 톨먼-오펜하이머-볼코프 한계Tolman–Oppenheimer–Volkoff limit도 이때 제시됐다. 또한 충분히 무거운 별의 연료가 고갈돼 끝없이 중력수축을 겪을 때, 어떤 경계면 바깥의 관측자에게 빛조차 빠져나가지 못하는 그런 상태에 도달할 것이라 주장했다. 이것은 중력 붕괴로 블랙홀이 형성되는 과정을 제시한 것이다.

바로 그 무렵 유럽에서는 독일의 화학자 오토 한이 프리츠 슈트라스만과 함께 우라늄에 중성자를 때리는 실험 결과를 분석하고 있었다. 오토 한의 동료였던 리제 마이트너는 나치를 피해 덴마크를 거쳐 스웨덴에 머물러 있으면서 조카인 오토 프리슈와 함께 오토 한의 실험 결과가 핵분열이라는 새로운 현상임을 올바르게 해석했다.

1939년 핵분열 소식은 미국에도 퍼졌고 그때 나오는 엄청난 에너지를 활용한 폭탄의 가능성도 이때부터 실질적으로 제기되기 시작했다. 급기야 그해 10월 실라르드 레오와 아인슈타인의 편지가 미국 대통령 루스벨트에게 전해졌고, 루스벨트는 임시로 우라늄위원회를 조직했다.

그러나 미국을 본격적인 행동에 나서게 한 것은 영국이었다. 프리슈는 독일 출신의 물리학자 루돌프 파이얼스와 함께 1940년 우라늄의 연쇄핵반응, 거기에 필요한 최소질량, 폭탄제조법, 파괴력 등을 담은 '슈퍼폭탄'에 관한 보고서를 작성했다. 프리슈-파이얼스 보고서는 영국에서 모드위원회라는 새로운 조직의 탄생으로 이어졌다. 모드위원회의 결론은 2년 안에 비행기에 실을 수 있을 정도로 작은 핵무기를 만들 수 있다는 것이었다.

모드위원회의 최종보고서를 접한 미국은 발 빠르게 움직였다. 곧바로 대통령 직속으로 새롭게 S-1위원회를 조직한 것이다. 이 무렵 오펜하이머는 버클리 대학에서 사이클로트론cyclotron이라는 입자가속기를 처음 제작한 어니스트 로런스와 함께 핵무기를 연구하며 과학자들의 비밀 회합에도 참여하고 있었다. 그리고 1942년 5월, 오펜하이머는 S-1위원회의 고속중성자 연구책임자로 임명되었다.

그해 중반부터는 핵무기 개발의 중심이 육군으로 옮겨가면서 맨해튼 프로젝트가 공식적으로 시작되었고 당시 육군 대령이었던 레슬리 그로브스가 장군으로 진급하며 프로젝트 책임자로 선정되었다. 그로브스는 10월, 과학 분야 연구책임자로 오펜하이머를 임명했다.

오펜하이머의 임명은 많은 이들에게 의외로 받아들여졌다. 오펜하이머는 실험물리학자도 아니었고 대규모 연구진을 운영한 경험도 없었으며 노벨상 수상자도 아니었으니 말이다. 하지만 그로브스는 오히려 이런 면 때문에 자신의 파트너로 오펜하이머를 선택했을지도 모른다. 무엇보다 그로브스는 오펜하이머의 천재성을 알아봤다. 그로브스의 평가에 따르면, 사이클로트론 개발로 노벨상까지 받은 로런스는 똑똑한 사람이긴 하지만 천재는 아니었다. 그로브스의 눈에 진정한 천재는 오펜하이머였다. 굳이 구분해서 말하자면 똑똑한 사람은 알려진 지식known knowns을 많이, 또 잘 아는 사람이다. 하지만 그로브스가 원했던 천재는 알려진 미지known unknowns와 함께 알려지지 않은 미지unkown unknowns까지도 잡아낼 수 있는 사람이었다.

역시나 천재는 지식을 많이 아는 사람이 아니라 지금까지 인간이 해결하지 못한 문제의 해결책을 제시할 수 있는 사람이 아닐까 싶다. 한국에서 지식이 많은 똑똑한 사람을 천재와 동일시해 왔던 것과는 큰 차이가 있다. 핵무기라는 전례 없는 물건을 처음으로 만들어야 하는 그로브스 입장에서는 아무래도 똑똑한 사람보다 천재가 필요했을 것이다.

오펜하이머의 이런 천재성은 다방면에 걸친 그의 관심사와도 관련이 있다. 오펜하이머는 스포츠를 빼고는 모든 걸 다 안다는 농담이 절반 이상은 사실이었던 사람이다. 앞서 그의 연구 내용을 소개했지만 오펜하이머는 한 가지 주제에 완전히 빠져들어 끝장을 보는 스타일이 아니었다. 한 주제에서 번득이는 아이디어를 내고는 이내 다른 주제로 옮겨가는 식이었다. 오펜하이머가 노벨상을 받지 못한 것도 그의 이런 성향 때문이었다고 얘기하기도 한다. 확실히 핵무기를 처음으로 개발하는 프로젝트의 연구책임자라면 한두 분야에서의 스페셜리스트보다 다방면에 걸친 제너럴리스트가 더 적합했을 것이다. 오펜하이머가 대단한 이유는 그가 정말로 제너럴리스트였으면서도 동시에 수많은 분야에서 스페셜리스트였다는 점이다. 실제로 프로젝트가 진행되는 동안 오펜하이머는 물리학의 여러 분야뿐 아니라 화학이나 공학과 관련된 문제에서도 우월한 지적 능력으로 다른 연구자들을 압도했다. 그 결과 오펜하이머는 로스앨러모스 연구소에서 일어나는 모든 일과 문제를 다 알고 있었으며, 거기에 대한 모든 해결책도 제시할 수 있었다.

더욱 놀라운 것은 오펜하이머가 사람들의 마음을 움직이는데에도 남다른 재능이 있었다는 점이다. 원래 물리학자들은 개성이 강한 사람들이고 로스앨러모스에 모인 이들 중에는 노벨상 수상자도 있었던 터라 이들을 하나로 모아 거대한 프로젝트를 성공시키는 것 자체가 쉽지 않은 일이었다. 오펜하이머는 무엇보다 이들 각각이 자신들의 능력을 100% 이상 발휘할 수 있도록 이끌었다. 그러기 위해서는 각자의 능력과 장단점을 파악하고 있어야 하는데, 오펜하이머는 그런 능력이 뛰어났다. 그래서 그곳에 있던 모두가 자신들이 프로젝트에서 굉장히 중요한 일을 하고 있다는 생각을 하게 만들었으며, 오펜하이머를 실망시키면 뭔가 잘못된 일이라는 느낌이 드는 분위기가 있을 정도였다. 오펜하이머의 이런 리더십은 다른 분야의 지도자들도 눈여겨봐야 할 대목이다.

또한 오펜하이머는 과학자들이 최대한의 역량을 발휘할 수 있는 일이라면 전체 책임자였던 그로브스와 맞서는 일도 마다하지 않았다. 웨스트포인트 출신의 공병이었던 그로브스는 뼛속까지 군인이라 철저한 보안과 위계질서 속에서 조직이 운영되는 걸 선호했다. 그래서 과학자들을 파트별로 나눠 칸막이화compartmentalization해서 통제하려고 했다. 오펜하이머는 그런 방식이 과학자들의 자유로운 토론과 소통을 방해하고, 결국 창의적인 발상에 치명적이라는 점을 본능적으로 간파했다. 사실 어느 과학자라도 그런 식으로 통제받는 것을 좋아하지 않을 것이다. 그건 과학이 작동하는 방식과 정반대이기 때문이다. 결국 오펜하이머는 과학자들에게 가장 중요한 이 개방성과 수평적 소통을 확보하는 데 성공했다.

오펜하이머가 아니었더라도 누군가는 연구책임자의 역할을 했을 것이고 언젠가는 핵무기도 만들었을 것이다. 그러나 오펜하이머가 아니었다면 그렇게 빨리 성공적으로 핵무기를 만들 수 있었을지는 개인적으로 의문이다. 맨해튼 프로젝트는 시작한 지 만 3년이 되기 전인 1945년 7월 16일 최초의 핵무기 실험('트리니티')에 성공했고, 그로부터 불과 3주 뒤에 우라늄탄과 플루토늄탄을 사흘 간격으로 실전에 투하했다. 언제 끝날지 모르던 전쟁은 그렇게 끝났다.

시대를 구한 영웅, 시대에 배신당하다

전쟁이 끝난 뒤 1945년 10월, 오펜하이머는 로스앨러모스 소장직에서 공식적으로 물러났다. 이후 캘리포니아로 돌아가 칼텍 등에서 강의를 했으나 이미 오펜하이머는 세계적으로 저명한 인사가 돼 있었다. 맨해튼 프로젝트 당시에는 핵무기 공격 목표를 선정하는 작업에도 참여했고 일본에 직접 폭탄을 투하하는 일에도 찬성했던 오펜하이머였으나, 실제 히로시마와 나가사키에 핵무기가 떨어지고 난 뒤에는 핵무기에 대한 회의감과 죄책감을 갖게 되었다. 전쟁이 끝난 뒤 그의 입장은 1945년 10월 트루먼 대통령과의 면담에서 "제 손에 피가 묻어 있는 것 같습니다."라고 말한 데서 잘 드러난다.

전후 핵무기에 대한 오펜하이머의 생각은 크게 두 가지로 요약할 수 있다. 첫째, 더 강력한 핵무기(수소폭탄)를 만들면 안 된다. 둘째, 핵무기 관련 정보를 세계와 공유하고 세계가 함께 핵무기를 통제해야 한다. 그의 이런 입장은 당시 정치권과 군부의 생각과는 정반대였다. 오펜하이머는 자신의 유명세와 영향력을 이용해 여러 경로로 자신의 입장을 피력하고 다녔고, 1947년에는 원자력에너지위원회의 자문위원회 의장으로 선출되기도 했다. 당연히 곳곳에서 그를 반대하고 견제하는 세력들이 생겨났다. 특히 그 무렵 매카시 광풍이 분 것도 오펜하이머에겐 불행한 일이었다.

오펜하이머가 좌익 계열 사람들과 자주 어울렸던 것은 익히 알려진 사실이다. 노조 결성 등에도 호의적이었고 동생 내외와 아내 키티도 한때 공산당원이었다. 그런 배경 속에서 1953년, FBI에 오펜하이머가 소련의 첩자일 가능성이 높다는 기소장이 접수되었고 이와 관련된 보고서가 대통령과 국방장관 등에 전달되었다. 이 일을 주도적으로 벌인 인물은 1953년 원자력에너지위원회 의장이 된 루이스 스트라우스Lewis Strauss였다. 그는 이전에 오펜하이머에게 모욕을 당한 적이 있었으며, 오펜하이머의 핵무기 관련 견해에도 반대했고, 그의 그런 의견이 더 이상 정부 정책을 좌우하면 안 된다고 생각해 오펜하이머를 몰아내기로 한 것이었다.

그의 의도대로 오펜하이머 보안청문회가 1954년 4월 개최되었다. 이 청문회는 5월까지 계속되었다. 결론은 이미 정해져 있었다. 청문회는 오펜하이머가 충성스럽긴 하지만 여전히 위험

인물이라 판단해 비밀 취급 인가를 취소했다. 시대를 구한 영웅이 그 시대로부터 배신당한 셈이다.

오펜하이머의 기구한 일생은 과학과 사회의 관계, 과학자의 윤리의식과 사회적 책임 등 결코 가볍지 않은 문제에 관한 고민 거리를 던져준다. 특히 맨해튼 프로젝트는 20세기 과학의 대표적인 특성인 이른바 빅사이언스의 본격적인 시작이어서, 과학과 사회가 만나는 방식이 극적으로 전환되고 있었고, 그 속에서 과학자들의 역할과 책임 또한 예전처럼 간단하지 않게 되었다. 《아메리칸 프로메테우스》는 프로메테우스적인 삶을 살았던 한 영웅의 복잡 다면한 모습을 층층이 파헤쳐 과학이란 무엇이며 우리에게 어떤 의미인지 다시 묻고 있다.

2022년 미 에너지부장관은 1954년 청문회에서 오펜하이머에 대한 비밀취급 인가를 취소한 결정을 철회한다고 발표했다.

이 책을 처음 읽는 독자들에게는 이 책이 오펜하이머가 간첩이 아님을 무려 1,000쪽에 걸쳐서 해명하는 책으로 느껴질 수도 있다. 그만큼 오펜하이머의 보안청문회는 그의 생애에서 핵무기 개발만큼이나 중요한 사안이었고 미국 사회에 끼친 영향도 적지 않았다. 한국적인 기준으로 보자면, '빨갱이 간첩' 혐의를 받은 사람치고는 증거 조작이나 증인 협박, 고문과 투옥 같은 험한 일 없이 조그만 사무실에서 좀 듣기 싫은 소리 듣고 보안인가가 취소된 것이 대수롭지 않게 여겨질 수도 있다. 책 후반부의 청문회 관련 내용은 미국과 한국의 정치사회적인 차이를 감안하고, 미국의 기준으로 사건의 흐름을 따라가면 더 잘 이해할 수 있을 것이다.

같이 읽으면 좋은 책 《베일 속의 사나이 오펜하이머》, 제레미 번스타인, 모티브북
《원자폭탄 만들기》, 리처드 로즈, 사이언스북스

17

생각하는 즐거움을 일깨워주는 과학자
파인만의 특급 강의

《물리법칙의 특성》

The Character of Physical Law

리처드 필립 파인만 Richard Phillips Feynman, 1918~1988

미국의 대표적인 이론물리학자. 1918년 미국 뉴욕에서 태어나 매사추세츠 공과대학을 졸업하고 프린스턴 대학에서 물리학 박사학위를 받았다. 1943년에는 20대의 젊은 나이에 맨해튼 프로젝트에도 참여했다. 전쟁이 끝나고 맨해튼 프로젝트가 마무리된 이후에는 코넬 대학으로 옮겼다. 2023년 크리스토퍼 놀란Christopher Nolan 감독의 영화 〈오펜하이머〉에서 봉고를 치는 젊은 과학자가 바로 파인만이다. 양자전기역학의 재규격화이론을 완성한 업적으로 1965년 노벨물리학상을 공동 수상했다. 아인슈타인과 더불어 20세기 최고의 물리학자로 평가받는다. 1988년 암으로 투병하던 중 일흔 살의 나이로 세상을 떠났다.

리처드 파인만은 자유분방하고 독창적인 아이디어로 자기만의 물리학을 구축한 인물이다. 어쩌면 그런 면에서 가장 미국적인 과학자였다고 할 수도 있다. 그는 복잡한 문제들 속의 본질을 꿰뚫어보는 직관력이 뛰어났다. 이런 탁월한 능력으로 양자역학에서의 경로적분이나 파인만 도형이라는 불후의 업적을 남겼다.

경로적분법과 파인만 도형,
세상에 얼굴을 드러내다

파인만의 학문 여정에서 가장 중요한 변곡점은 1947년 6월 2일 ~4일에 걸쳐 뉴욕 롱아일랜드 끝의 셸터아일랜드에서 있었던 학회였다. 이 학회는 2차 세계대전 이후 가장 중요한 학회 중 하나로 평가받는다. 로버트 오펜하이머, 한스 베테Hans Bethe, 빅터 바이스코프Victor Weisskopf, 이지도어 라비Isidor Rabi, 존 폰 노이만John von Neumann, 존 휠러John Wheeler, 줄리언 슈윙거Julian Schwinger 등 당대 최고의 물리학자 23명이 참가했다.

당시 학계는 전자기 현상을 전자기장에 대한 양자역학으로 기술하는 양자전기동역학Quantum ElectroDynamics, QED에서 발생하는 무한대 문제를 해결하지 못하고 있었다. QED는 간단히 말해 전자와 빛(광자)의 상호작용을 기술하는 양자장론으로, 1920년대 말부터 폴 디랙, 베르너 하이젠베르크, 볼프강 파울리Wolfgang Pauli, 유진 위그너Eugene Wigner, 파스쿠알 요르단, 엔리코 페르미 등이 선구적으로 개발했다. QED를 써서 뭔가를 계산하려면 실질적으로는 섭동이론perturbation theory을 써서 주도적으로 기여하는 항과 이에 대한 높은 차수의 보정항들의 합으로 표현하는 게 일반적이다. 이때 보정항들은 차수가 높아질수록 그 값이 작아져야 섭동이론이 유효하다. 그런데 QED에서는 일부 보정항들이 무한대의 큰 값을 가지는 것으로 드러났다. 무한대의 원인은 전자가 순간적으로 광자를 방출하고 그 광자를 다시 받아들이는 순환과정에서 나타났다. 양자역학의 세상에서는 얼마든지 이런 일이 가능했다. 이런 과정을 거치면서 전자의 에너지가 달라질 수 있다. 이를 자가에너지self-energy라 한다. 문제는 그 순환과정에 참여하는 광자는 임의로 높은 에너지를 가질 수 있는데 이 과정에서 무한대가 발생한다.

그러나 무한대의 문제는 이론상의 문제일 뿐이었다. 셸터아일랜드 학회에서 가장 큰 주목을 받았던 것은 예기치 못한 여러 실험 결과들이었다. 오펜하이머의 제자로 컬럼비아 대학에 있던 젊은 물리학자 윌리스 램Willis Lamb은 수소원자가 방출하는 스펙트럼에서 놀라운 결과를 얻었다. 주양자수는 같지만 궤도각운동량양자수가 다른 두 상태에서 나오는 빛의 스펙트럼이 둘로 갈라진 것이다. 이는 그 두 상태의 에너지가 다르다는 뜻이다. 기존의 디랙이론에서는 이들 상태의 에너지는 똑같았다. 이 결과는 발견자의 이름을 따서 '램 이동Lamb shift'이라 부른다.

한편 이지도어 라비는 전자의 자기모멘트 값을 측정한 결과를 발표했다. 전자의 자기모멘트란, 전자가 고유하게 갖고 있는 전기전하와 회전효과(스핀) 때문에 생기는 자기모멘트로서, 일종의 자석효과를 주는 요소라 할 수 있다. 이 값을 표시할 때 흔히 g-인자를 사용한다. 전자의 g-인자는 디랙이론에서 정확히 2이다. 그러나 라비가 발표한 값은 2보다 0.1% 정도 미세하게 더 컸다.

이론 분야에서는 헨드릭 크라머스Hendrik Kramers가 비상대론적 이론에서 전자의 질량을 다루는 방법을 소개했다. 크라머스에 따르면 실험적으로 관측되는 전자의 질량은 전자의 양자역학적인 자가에너지와, 이론상에 처음부터 등장했던 질량(이를 맨질량bare mass이라 한다)의 합으로 주어진다. 그렇다면 이론에 등장하는 질량을 실제 관측으로 얻는 질량으로 대체해야 그 이론이 올바른 결과를 낼 것이다. 크라머스는 그 결과 자가에너지에서의 무한대가 없어질 수 있음을 보였다. 이런 과정을 재규격화renormalization라 한다.[18]

한스 베테는 학회가 끝나고 돌아가는 기차 안에서 크라머스의 방법을 이용해 램이동을 계산해 봤고, 유용한 결과를 얻었다. 파인만은 베테의 뒤를 이어 자기만의 방식으로 상대론적인 이론에 부합하는 램이동을 계산하기 시작했다. 이때 파인만이 도입한 방법이 경로적분path integra이다. 경로적분은 한마디로 말해 어떤 입자가 취할 수 있는 가능한 모든 경로를 더하는 수학적 과정이다. 파인만에 따르면 입자들이 반응해 어떤 현상이 일어날 확률은 확률진폭probability amplitude이라 불리는 양으로 결정된다. 이 확률진폭을 구하려면 모든 가능한 경로를 다 더해야 한다. 예

18 S. Weinberg, The Quantum Theory of Fields vol.I, Foundations, Cambridge

컨대 스마트폰에서 나오는 빛이 내 눈에 들어올 때 스마트폰 픽셀과 내 눈을 잇는 직선경로만 있는 것이 아니다. 옆으로, 또는 위로 휘어져 들어오는 경로, 또는 뒤로 갔다가 아래로 꺼졌다가 내 뒤통수를 돌아 다시 내 눈으로 돌아오는 경로 등 무한히 많은 경로가 존재한다. 이 모든 가능한 경로를 다 더하면 결국 나머지 이상한 경로들은 상쇄되고 최단경로의 직선만 남는다.

파인만은 자신의 방법을 직관적으로 시각화하기 위해 새로운 방법을 도입했다. 그것이 바로 파인만 도형Feynman diagram이다. 파인만 도형은 시공간 속에서 입자가 움직이는 궤적을 나타낸다. 파인만은 경로적분법을 이미 셸터아일랜드 학회에서 비공식적으로 발표한 적이 있었다. 이듬해인 1948년 미 펜실베이니아주 포코노 매너 호텔에서 열린 '포코노 학회'에서 파인만은 처음으로 파인만 도형을 써서 자신의 계산 결과를 발표했다. 당시만 해도 파인만의 경로적분법이나 이상한 도형 등은 당대의 물리학자들에게 호응을 얻지 못했을 뿐더러 몇몇 학자들로부터는 혹평을 받기도 했다.

그러나 파인만의 계산 결과는 당시 동갑내기 천재였던 슈윙거가 전통적인 장 연산자field operator를 이용해 계산한 결과와 일치했다. 파인만의 접근법이 적분법이라면 슈윙거의 접근법은 미분법이었다. 이후 베테의 대학원생이었던 영국 출신의 프리먼 다이슨Freeman Dyson이 파인만의 계산법과 슈윙거의 계산법이

동등하다는 점을 밝혔다. 특히 다이슨은 파인만 도형이 단순한 계산도구 이상이며 QED를 재규격화할 수 있음을 보였다. 한편 비슷한 시기 일본의 도모나가 신이치로朝永振一郎는 독립적으로 슈윙거와 비슷한 방법으로 QED가 재규격화 가능함을 보였다. 재규격화된 QED로 계산하면 램이동과 전자의 g-인자에 대해 실험 결과와 일치하는 값을 얻을 수 있다. 특히 후자의 경우 실험값과 소수점 이하 10자리 이상 정확하게 일치하는 결과를 얻는다. 이는 물리학의 역사에서 이론이 예측한 가장 정확한 값이다. 이 공로로 파인만과 슈윙거, 도모나가는 1965년 노벨물리학상을 공동으로 수상했다.

심오한 물리학 세계로의 초대

《물리법칙의 특성》은 파인만이 1964년 코넬 대학에서 행했던 대중강연을 책으로 옮긴 것이다. 그 강의는 책으로 출판되기 전에 BBC에서 TV로 방영되었다. 이 책은 총 7장으로 구성돼 있는데, 1장 '중력법칙, 물리법칙의 한 예'에서는 누구나 한번쯤 들어봤을 뉴턴의 만유인력 법칙에서부터 이야기를 시작한다. 이 법칙에 이르기까지의 역사적인 과정과 함께, 일반적으로 보편법칙이 가지는 위력을 소개한다.

2장 '물리학과 수학의 관계'에서는 물리학에서 왜 수학이 필요한지 설파한다. 파인만은 이렇게 쓰고 있다.

"왜냐하면 수학은 단지 다른 언어에 불과한 것이 아니기 때문이다. 수학은 언어이고 동시에 추론이다. 말하자면 수학은 언어와 논리가 복합된 산물이다. 수학은 추론을 위한 도구이다."(본문 66쪽)

"수학을 모르는 사람은 자연의 아름다움-가장 심원한 아름다움-을 실제로 체험하기 힘들다."(본문 95쪽)

또한 세 가지 다른 방식으로 중력법칙을 설명하는 대목도 흥미롭다. 여기서 물리학과 수학 사이의 재미있고도 이상한 관계를 살펴보기 바란다.

3장 '위대한 보존원리들'과 4장 '물리법칙의 대칭성'에서는 물리학자들이 왜 보존법칙과 대칭성에 목을 매는지 그 이유를 잘 알려준다. 우리에게 너무나 익숙하면서도 대표적인 보존법칙인 에너지보존법칙의 여러 면을 살펴볼 수 있다.

5장 '과거와 미래의 구별'에서는 마른 수건을 이용해 엔트로피와 열역학 제2법칙을 설명한다. 톱니바퀴와 바람개비를 이용한 사고실험도 흥미롭다. 이런 식의 사례를 들어 비유적으로 매끄럽게, 또 직관적으로 설명을 풀어나가는 것이 파인만의 특기다. 탄소의 특정한 에너지 준위와 관련된 이야기도 흥미롭다.

6장 '확률과 불확실성-자연의 양자역학적 관점'에서는 제목 그대로 양자역학의 특성을 다룬다. 여기서 파인만은 아주 유명한 '두 구멍판' 실험(또는 이중슬릿 실험)을 중점적으로 소개한다. 사실 양자역학의 많은 신비한 요소들이 바로 이 실험 속에 담겨 있다고 해도 틀린 말이 아니다.

파인만의 논의를 쫓아가다 보면 양자역학의 신묘함을 느낄 수 있다. 그러나 양자역학을 '완전히' 이해하려는 기대는 버리는 것이 좋다. 파인만은 미리 이렇게 말해두고 있다.

"반면에 나는 아무도 양자역학을 이해하지 못한다고 자신 있게 말할 수 있다고 생각한다."(본문 211쪽)

실제로 이 문장은 양자역학과 관련된 책에서 자주 인용되는 말이다. 21세기에 접어든 지금도 이 말은 대체로 사실이다.

마지막 7장 '새로운 법칙을 찾아서'에서는 글을 쓸 당시까지 과학자들이 알게 된 상황과, 앞으로 과학자들이 새로운 법칙을 어떻게 찾아나가는지를 소개한다. 특히 "추측에 더 즐거움을" 느끼는 이론물리학자로서 어떻게 추측하는지, 또한 '추측하는 기술'은 무엇인지를 설명하는 대목이 흥미롭다. "검증된 영역 너머로 생각을 확장시킬 필요가 있다."(본문 266쪽)는 말은 참으로 가슴에 와 닿는다.

책을 읽어보면 알겠지만 어려운 용어나 복잡한 수식 없이(수식이 전혀 없지는 않다!) 평범한 일상용어와 적절한 비유를 써서 물리학의 심오한 세계로 독자들을 손쉽게 안내하고 있다. 책을 읽는 내내 물리학이 이렇게 쉽고(?) 재미있었나 하는 생각과 함께, 자신이 현대물리학의 심오한 저변을 모두 이해하게 된 듯한 착각에 빠져들게 된다. 그것이 파인만의 능력이고 파인만 저술의 매력이다. 그래서 파인만의 저술을 읽다보면 과학적으로 사고하는 지적 즐거움을 자기도 모르게 느끼게 된다.《물리법칙의 특성》을 읽는 순간, 누구나 그 놀라운 체험을 하게 될 것이다.

같이 읽으면 좋은 책 《일반인을 위한 파인만의 QED 강의》, 리처드 필립 파인만, 승산
《파인만 씨, 농담도 잘하시네》. 리처드 필립 파인만, 사이언스북스

영화 〈인터스텔라〉의 과학자가 들려주는
블랙홀의 모든 것

《블랙홀과 시간여행》

Black Goles and Time Warps

킵 손 Kip S. Thorne, 1940~
미국의 물리학자. 1962년 캘리포니아 공과대학을 졸업하고 1965년 프린스턴 대학에서 박사학위를 받았다. 1967년부터 캘리포니아 공과대학에서 조교수로 일했고 석좌교수를 거쳐 현재 이론물리학 명예교수로 있다. 2014년에는 SF영화 〈인터스텔라〉의 과학자문위원 겸 총괄제작자로 참여하기도 했으며, 중력파를 발견한 공로로 2017년 노벨물리학상을 공동으로 수상했다.

'블랙홀과 관련해 딱 하나의 책을 읽는다면 어떤 책을 추천하겠는가'라는 질문을 받는다면 아마도 많은 사람들이 킵 손의《블랙홀과 시간여행》을 추천할 것이다. 이 책은 미국의 물리학자 킵 손이 1994년에 쓴 책으로 당시까지 연구된 블랙홀에 관한 거의 모든 것을 담고 있다. 블랙홀과 관련된 다른 책들을 읽더라도 우선 이 책부터 시작하는 것이 좋은 선택일 것이다.

　손은 우리에게 영화 〈인터스텔라〉의 자문 과학자로도 잘 알려져 있고, 그 영화와 관련된 내용을 출간한 《인터스텔라의 과학The Science of Interstellar》도 국내에서 큰 인기를 끌었다. 캘리포니아 공과대학을 졸업하고 프린스턴 대학에서 박사학위를 받은 손은 평생에 걸쳐 일반상대성이론과 블랙홀을 연구한 사람이다. 그의 박사학위 지도교수는 '블랙홀'이라는 용어를 작명한 사람으로도 유명한 존 휠러였다. 1979년에는 휠러 및 찰스 미스너Charles W. Misner와 함께 《중력Gravitation》이라는 책을 쓰기도 했다. 이 책은 세대를 넘어 일반상대성이론에 대한 대표적인 교과서로 평가받고 있다.

아인슈타인의 유산을 해석하다

《블랙홀과 시간여행》의 머리말 '이 책은 무엇에 대한 것이며, 어떻게 읽어야 하나'에서 손은 자신이 어떤 의도로 이 책을 썼는지, 그리고 책이 어떻게 구성돼 있는지 자세히 밝히고 있다.

　"여기서는 역사의 실타래로 서로 맞물려 있는 주제들이 다루어진다. 이 역사는 아인슈타인의 유산을 해석하기 위한 투쟁의 역사이며 블랙홀, 특이점, 중력파, 웜홀, 시간 뒤틀림에 대한 멋들어진 예측들의 발견에 관한 역사이다."(본문 19쪽)

아인슈타인의 유산은 결국 그의 중력이론인 일반상대성이론을 말한다. 블랙홀, 특이점 등은 모두 일반상대성이론의 결과물이다. 또한 일반상대성이론은 아인슈타인 자신의 특수상대성이론을 일반화한 이론이다. 그렇다보니 이 책의 시작을 특수상대성이론에서부터 풀어나가는 것은 너무나 자연스럽다. 그래서 본문 1장 '시간과 공간의 상대성'에서는 특수상대성이론을 소개하고 있고, 2장 '시간과 공간의 뒤틀림'에서는 일반상대성이론을 다룬다. 아인슈타인의《상대성의 특수이론과 일반이론》에서도 소개했지만 다시 간단하게 요약하자면, 상대성이론은 상대적인 운동 상태에 따라 자연현상을 어떻게 보게 될 것인가에 관한 이론이다. 특수상대성이론은 서로 등속운동하는 좌표계들사이의 관계를 다루며 일반상대성이론에서는 가속운동하는 좌표계를 다룬다. 여기에 가속운동에 의한 관성력과 중력을 구분할 수 없다는 등가원리가 결합되면서 일반상대성이론은 중력을 기술하는 상대성이론이 된다. 일반상대성이론에서는 중력의 본질을 시공간의 곡률로 이해한다.

3장 '블랙홀의 발견과 부정'부터 본격적으로 블랙홀 이야기가 등장한다. 블랙홀이란 한마디로 말해 중력이 너무나 강력해 빛조차 빠져나올 수 없는 시공간의 영역이다. 빛조차 빠져나올 수 없는 가상의 경계면을 사건의 지평선event horizon이라 부른다. 사건의 지평선의 크기는 슈바르츠실트 반지름Schwarzschild radius으로 주어진다. 그 크기는 뉴턴의 중력상수와 블랙홀의 질량의 곱에 비례하며 광속의 제곱에 반비례한다. 따라서 질량이 커지면 거기에 비례해서 슈바르츠실트 반지름이 커진다. 만약 태양의 질량으로 블랙홀이 만들어진다면 그때의 슈바르츠실트 반지름은 약 3킬로미터고, 이에 해당하는 구면의 반지름이 약 18.5킬로미터다. 이 숫자는 이 책에서 아주 자주 등장하니 기억해 두면 좋다. (구체적인 식은 본문 31쪽 각주에 말로 풀어져 있다.)

손이 머리말에서 설명했듯이 1장에서 14장에 이르는 본문에서 "중심축을 이루는 것은 역사이다."(본문 19쪽)라면서 "각 장의 앞 몇 페이지는 역사적인 측면을 먼저 추적한다."(본문 19쪽) 사실 일반 독자들을 대상으로 하는 대중과학서에서 가장 친숙하게 진입장벽을 낮출 수 있는 방법이 주제와 관련된 역사적인 사실들로 이야기를 풀어가는 것이다.

흔히 과학의 역사라고 하면 누가 언제 무엇을 발견했고 검증했고 상을 받았는지, 그런데 그 학설이 나중에 어떻게 뒤집어졌는지 등처럼 단편적인 서사를 떠올리는 경우가 많다. 그러나 다른 모든 인간사와 마찬가지로 과학사의 실제 상황은 그보다 훨씬 더 복잡하다. 하나의 과학적 사실을 밝혀내는 데 수많은 사람들이 서로 얽히고설켜 있고 각자의 기여도 또한 칼로 무 자르듯 나눌 수 없을 만큼 복잡하다. 누가 무엇을 어디까지 생각했는가, 어느 수준까지 구현했는가 하는 문제는 언제나 쉽지 않다. 당장 일반상대성이론을 완성한 아인슈타인조차도 끝없는 중력붕괴라는 개념이나 그 결과로서의 블랙홀과 같은 존재를 받아들이지 않았다. 본문의 표현을 빌리자면, "그러나 그는 너무도 확고하게 그런 것들이 존재하지 않는다고 확신했다."(본문 187쪽) 또한 과학 활동 자체는 결국 사람들이 하는 일이라, 일상적인 인간사의 우연도 개입한다.

그래서 과학의 역사를 객관적으로 재구성하는 일은 항상 어렵다. 저자인 손도 이 점을 잘 알기에 머리말에서 미리 역사가들에게 용서를 구하고 있으며 책 뒤에 연대표까지 만들어뒀다. 그러나 개인적인 인상으로 말하자면, 학계의 최상급에 있는 대학자들은 대체로 자기 분야의 역사를 누구보다 잘 알고 있다. 대학자들이야 원래 똑똑해서 그렇기도 하겠지만, 대학자가 된다는 것은 큰 시야에서 중요한 과학적 성취의 궤적, 또는 발견의 맥락을 잘 꿰뚫고 있다는 뜻이기도 하다. 이는 또한 그들의 자기 분야에 대한 열정과 애정의 결과물이기도 할 것이다.

물론 이 책은 과학의 역사만 담고 있지는 않다. 수식을 거의 쓰지 않으면서, 그리고 적잖은 그림들과 함께 해당 주제를 심도 있게 해설하고 있다. 그 수준도 대중과학서라고 해서 크게 타협하지도 않았다. 아마도 이런 점이 이 책의 큰 매력이 아닐까 싶다. 대학자가 자신이 일생을 바쳐 연구한 내용을 역사적인 맥락과 함께 직접 풀어서 들려주고 있다는 사실 말이다.

킵 손과 SF

그런 본문에 비하면 프롤로그 '블랙홀로의 항해'는 다소 파격적으로 SF 이야기 형식을 취하고 있다. 프롤로그는 말하자면 본문에서 다룰 내용을 조금씩 맛보기로 보여주는 짧은 단막극 같은 이야기다. 아마도 손은 SF소설을 썼어도 크게 성공했을 것 같다. 프롤로그를 읽다보면 정말로 내가 우주선을 타고 우주 여기저기의 블랙홀을 탐험하러 다니는 것 같은 착각이 들 정도니까 말이다.

실제로 손은 SF와 관련이 많다. 《코스모스Cosmos》의 저자 칼 세이건Carl Sagan이 《콘택트Contact》라는 소설을 쓴 적이 있다. 이 소설은 조디 포스터Jodie Foster 주연의 영화로 만들어지기도 했는데, 이때 소설 내용과 관련해서 세이건이 손에게 자문을 구했다. 블랙홀을 통한 우주여행과 관련된 것이었다. 하지만 블랙홀의 끝에는 시공간의 곡률이 무한대인 특이점이 있어서 인간이 우주를 여행하기에는 적합하지 않다. 대신 손은 세이건에게 웜홀을 대안으로 제시했다.

이 무렵 손은 학생들과 함께 웜홀과 관련된 논문을 두 편 출판했다. 1987년 《미국 물리학 저널American Journal of Physics》이라는 학술지에 〈시공간에서의 웜홀과 성간여행에서의 활용: 일반상대론을 가르치기 위한 도구Wormholes in spacetime and their use for interstellar travel: A tool for teaching general relativity〉라는 제목의 논문을 출판했고,

이듬해 《피지컬 리뷰 레터스Physical Review Letters》에 〈웜홀, 타임머신, 그리고 약한 에너지 조건Wormholes, Time Machines, and the Weak Energy Condition〉이라는 논문을 출판했다. 성간여행이라든지 타임머신 같은 SF 용어들이 전문 과학 논문의 제목으로 등장한 것이 무척 흥미롭다. 《블랙홀과 시간여행》의 마지막 장인 14장의 제목이 '웜홀과 타임머신'인 것이 그래서 그리 낯설지만은 않다.

SF에 대한 손의 관심은 여기서 그치지 않는다. 손은 2014년 개봉한 영화 〈인터스텔라〉의 영화제작에도 적극 참여해서 제작진에 큰 도움을 주었다. 특히 아인슈타인의 중력장 방정식을 슈퍼컴퓨터로 풀어 블랙홀의 모습을 생생하게 그려낸 것이 무척 인상적이다. 그 때문에 영화 〈인터스텔라〉 속의 블랙홀의 모습이 가장 과학적으로 재구성한 블랙홀이라 할 수 있다.

이처럼 과학의 최전선 경계에서는 과학적 사실과 과학적 허구(SF)의 경계가 다소 흐릿할 수밖에 없다. 과학자에게 지식이 아니라 상상력이 가장 중요하다고 아인슈타인이 강조한 것도 이 때문이지 않을까 싶다.

인간 정신의 놀라운 능력을 배우길 바라는 마음으로

이 책이 출간된 1994년에는 블랙홀에 대한 직접적인 관측이 별로 없던 시기였다.

"천문학자들은 블랙홀의 존재에 대한 간접적인 증거만을 발견하였을 뿐, 블랙홀들이 가지고 있을 것이라고 예측된 성질에 관한 어떤 증거도 관측된 적이 없다."(본문 72쪽)

그러나 21세기에 접어들면서 상황은 극적으로 달라졌다. 손이 동료들과 함께 이끌었던 미국의 중력파 검출장치인 LIGO Laser Interferometer Gravitational Wave Observatory에서 지난 2015년 사상 최초로 중력파를 검출했고, 이 결과는 2016년에 발표되었다. 이때 감지한 중력파 신호는 13억 광년 떨어진 곳에서 두 개의 블랙홀이 하나의 블랙홀로 병합되면서 방출한 중력파였다. 중력파란 시공간의 출렁임이 파동으로 퍼져 나가는 현상으로서, 1916년 아인슈타인이 처음 그 존재를 예견한 뒤 꼭 100년 만에 발견된 것이다. 이때 발견된 중력파는 태양질량 29배의 블랙홀과 태양질량 36배의 블랙홀이 만나서 태양질량 62배의 블랙홀을 만들고 나머지 태양질량 3배의 에너지가 중력파로 방출된 것이었다. 태양질량의 3배가 모두 중력파로 방출되면 그 에너지는 상상할 수 없을 정도로 크지만, 너무나 먼 거리에서 벌어진 일이라 지구 위에서는 대략 양성자 크기의 수백분의 1 정도의 흔들림으로 감지되었다. 이 공로로 손은 2017년 동료인 라이너 바이스Rainer Weiss, 배리 배리시Barry C. Barish와 함께 노벨물리학상을 공동수상했다.

흥미롭게도 《블랙홀과 시간여행》의 프롤로그에 보면 손은 태양질량 24배의 블랙홀 두 개가 합쳐져 태양질량 45배의 블랙홀을 만들고 태양질량 3배의 에너지가 중력파로 방출되는 이야기를 쓰고 있다.(본문 61쪽)

손이 노벨상을 받던 해에 과학자들은 전파망원경을 이용해 멀리 있는 블랙홀의 그림자를 촬영하기 시작했다. 지구에서 2만 7,000광년 떨어진 우리 은하 중심부의 궁수자리 A*와, 지구에서 5500만 광년 떨어진 M87은하의 M87*가 그 대상이었다. 블랙홀은 빛조차 빠져나갈 수 없기 때문에 블랙홀을 직접 촬영한다는 말은 성립하기 어렵다. 대신 블랙홀 주변을 빛이 휘감아 지나간다면 빛이 나올 수 없는 블랙홀의 실체는 주변부 빛들 한가운데에 검은 구멍으로 확연히 그 모습을 드러낼 것이다. 이것이 블랙홀의 '그림자'를 찍는 방법이다.

이들 블랙홀의 그림자 크기는 대략 40~50마이크로 각도초일 것으로 예상되었다. 마이크로는 백만 분의 일을 뜻하며 각도초는 1도 각도의 3600분의 1에 해당하는 각도다. 이 정도의 정밀도로 천체를 관측하려면 필요한 전파망원경의 크기가 대략 1만 킬로미터로 지구 크기와 맞먹는다. 과학자들은 이 문제를 어떻게 해결했을까? 지구 위에 있는 전파망원경 여덟 대를 네트워크로 연결해 하나의 거대한 전파망원경을 가상으로 구성하면 이 문제를 해결할 수 있다! 그렇게 촬영한 결과가 지난 2019

년(M87*)과 2022년(궁수자리 A*)에 각각 발표되었다. 언론에서도 크게 보도한 촬영 결과를 보면 도넛처럼 한가운데 구멍이 검게 뚫린 이미지를 확인할 수 있다. 이렇듯 이제는 블랙홀을 '가장 직접적으로' 관측할 수 있는 수준에까지 이르렀다.

이론적인 면에서는 1970년대에 스티븐 호킹Stephen Hawking이 제기했던 이른바 블랙홀에서의 정보 모순 문제가 형식적으로는 일단락되었다. 호킹 주장의 출발점인 호킹복사와 블랙홀의 증발은 이 책 12장 '블랙홀의 증발'에서 다루고 있다. 2005년 호킹은 학술논문에서 블랙홀에서의 정보는 손실되지 않는다며, 기존의 자기 입장을 철회했다. 수십 년을 이어온 이 논쟁에서 손은 호킹과 함께 블랙홀에서의 정보 손실을 주장했었다. 그러나 호킹의 공식적인 '항복 선언'에도 불구하고 아직까지 블랙홀 안으로 물체가 떨어질 때, 또는 블랙홀이 호킹복사로 에너지를 방출할 때 구체적으로 어떤 일들이 벌어지는지에 대해서는 여전히 논쟁이 진행 중이다.

21세기의 이런 성취들을 돌아보면《블랙홀과 시간여행》의 머리말 말미에서 손이 강조한 점이 다시 인상적으로 다가온다. 저자로서 손이 이 책을 쓰면서 자문했던 것, 즉 "독자들이 배웠으면 하는 가장 중요한 한 가지는 무엇인가?"에 대해 손은 "인간 정신의 놀라운 능력"이라고 답하고 있다.(본문 21쪽) 여기에는 두 가지가 있다. 하나는 우주의 복잡성을 해명하고 이를 지배하는 근본법칙을 드러내는 능력이며, 다른 하나는 그 과정에서 부딪히는 난관을 어떻게든 극복하고 뛰어넘는 능력이다.

《블랙홀과 시간여행》이 나온 이후에도 손의 이 말은 전적으로 사실이다. 호킹의 말에 따르면 바로 그 능력이 인간을 가장 인간답게 만드는, 우리가 다른 종이 아닌 호모 사피엔스인 이유이기도 하다. 블랙홀은 그 정점에 놓여 있는 성배 중의 하나임에 틀림없다. 그 성배로 향하는 친절한 안내서가 바로《블랙홀과 시간여행》이다.

같이 읽으면 좋은 책 《블랙홀 이야기》, 아서 I. 밀러, 푸른숲

《블랙홀 전쟁》, 레너드 서스킨드, 사이언스북스

《스티븐 호킹의 블랙홀》, 스티븐 호킹, 동아시아

《인터스텔라의 과학》, 킵 손, 까치

(((19)))

입자물리학의 표준모형을 완성할 마지막 퍼즐, '신의 입자'를 찾아 나선 대장정의 이야기

《신의 입자》

The God Particle

리언 레더먼 Leon Lederman, 1922-2018
뉴욕시에서 태어난 입자물리학자이자 실험물리학자로 1951년에 컬럼비아 대학에서 물리학 박사학위를, 1958년부터 1979년까지 같은 대학의 교수로 재직했다. 1988년 노벨물리학상을 공동수상했다. 1986년 과학 영재학교인 일리노이 수학 과학 아카데미를 설립했으며 2012년부터 세상을 떠날 때까지 이곳의 상근 과학자로 재직했다.

딕 테레시 Dick Teresi
미국의 과학 저널리스트이자 과학 작가. 대학을 졸업하고 과학 잡지사에서 프리랜서 작가로 활동하면서 뒤늦게 과학에 재미를 느꼈다. 여러 과학 잡지의 편집자로 활동했으며, <뉴욕 타임스> <월스트리트 저널> 등에 기고했다.

《신의 입자》는 1993년 초판이 출간되었고 2006년에 개정판이 나왔다. '신의 입자'는 소립자 세계에서 아주 중요한 입자인 힉스Higgs 입자의 별칭이다. 《신의 입자》 초판이 발행된 1993년은 당시 미국 과학계가 야심차게 추진했던 입자가속기인 초전도초대형충돌기Superconducting Super Collider, SSC가 미 의회에서 최종적으로 취소되던 해였다. "문제는 경제야!"라는 말로 새롭게 들어선 클린턴 행정부에서 이전 부시 행정부 시절에 추진했던 사업들을 정리하면서 가장 만만했던(?) 과학계의 대형 프로젝트를 폐기하기에 이른 것이다.

SSC는 입자(양성자)를 고에너지로 가속해서 충돌시켜 그 결과를 분석하는 장치로서 그 둘레가 84킬로미터에 이른다. 부지는 텍사스 주의 웍서해치였다. SSC에서는 두 개의 양성자빔을 각각 20테라전자볼트TeV로 가속해 충돌시킨다. 현존하는 가장 큰 입자가속기 및 충돌장치인 유럽원자핵연구소CERN의 대형강입자충돌기Large Hadron Collider, LHC는 2008년부터 가동에 들어갔는데, 그 둘레가 27킬로미터이고 양성자빔의 에너지는 6.8TeV다. SSC에 들어갈 예산은 당시 돈으로 총 110억 달러, 지금 환율로 계산하면 대략 15조 원에 해당한다. 그러나 SSC는 1993년 클린턴 행정부가 들어선 지 얼마지 않아 의회에서 자금 지원을 중단하면서 계획이 취소되었다. 그때 이미 2조 원 이상을 투입했으며 22킬로미터 정도 터널을 파던 상태였는데 말이다.

《신의 입자》의 2006년 개정판 '책을 시작하기에 앞서'에서 레더먼은 SSC가 취소된 상황에 울분을 토하는 글을 실었다. SSC의 가장 중요한 임무는 '신의 입자', 즉 힉스입자를 발견하는 것이었다. 대체 힉스입자가 무엇이길래 이토록 요란스러웠을까?

힉스입자를 발견하기까지

과학자들은 항상 세상 만물을 구성하는 궁극의 단위를 추구해 왔다. 이 작업은 유구한 역사를 가지고 있다. 기원전 7세기 탈레스는 만물의 근원(아르케)이 물이라고 선언했다. 신화와 주술 등으로 세상을 논하던 시절에 만물의 근원을 따져 물었으니 새로운 패러다임을 제시한 것이다. 그래서 탈레스는 철학의 아버지로 불리며, 뿐만 아니라 과학의 역사에서도 항상 중요한 인물로 등장한다. 이후의 철학자들은 탈레스의 패러다임 속에서 각자가 생각하는 만물의 근원을 제시했다. 피타고라스Pythagoras는 수학이 만물의 근원이라 했고, 데모크리토스와 레우키포스는 원자가 만물의 근원이라 했다. 엠페도클레스는 탈레스의 물에 흙, 불, 공기를 더해 그 유명한 4원소설을 제시했다. 4원소는 중세까지도 위세를 떨쳤다. 19세기가 시작되면서 영국의 존 돌턴은 현대적인 원자론을 제시했다. 19세기 말에는 원자의 여러 종류, 즉 원소들의 규칙성을 발견해 수기율표를 만들었다.

원자는 원래 더 이상 쪼개질 수 없다는 뜻을 가지고 있지만 19세기 말과 20세기 초에 원자의 내부 구조를 알게 되었다. 원자는 여전히 이 우주를 구성하는 가장 기본적인 단위지만 원자는 내부에 또 다른 구성 요소를 가지고 있다. 즉 원자는 음의 전기를 가진 전자와 양의 전기를 가진 원자핵으로 구성된다. 원자핵은 원자 대부분의 질량을 갖고 있다. 원자핵은 다시 양성자와 중성자라는 핵자들로 만들어진다. 1960년대에 들어 양성자와 중성자는 다시 쿼크quark라고 하는 더 근본적인 입자들로 구성돼 있음이 밝혀졌다.

20세기 내내 과학자들이 밝혀낸 바에 따르면 이 우주에는 6종류의 쿼크(u, d, c, s, t, b)가 있다. 한편 전자는 질량만 다르고 자신과 물리적인 성질이 거의 비슷한 형제가 둘 있어서 각각 뮤온과 타우온이라 부른다. 이들 전자 3형제에게는 각각 중성미자neutrino라는 짝이 있다. 그러니까 중성미자에는 3개의 종류, 즉 전자형 중성미자, 뮤온형 중성미자, 타우온형 중성미자가 있는 셈이다. 이렇게 전자 3형제와 중성미자 3형제를 합쳐서 경입자lepton이라 부른다. 결국 6종의 쿼크와 6종의 경입자가 자연을 구성하는 가장 기본적인 단위다.

쿼크와 경입자는 똑같은 두 입자의 위치를 바꿨을 때 전체 계를 기술하는 파동함수의 부호가 바뀌는 반대칭의 성질을 갖고 있다. 이런 입자를 페르미온fermion이라 한다. 페르미온은 입자가 고유하게 내재적으로 갖고 있는 회전효과인 스핀spin이라는 각운동량angular momentum(실제로 입자가 회전하지는 않는다)을 2배 했을 때 홀수가 나온다. 쿼크와 경입자는 모두 스핀이 2분의 1인 입자다.

《신의 입자》의 저자인 레더먼은 멜빈 슈워츠Melvin Schwartz 및 잭 스타인버거Jack Steinberger와 함께 한 종류의 중성미자만 알려져 있던 1962년에 새로운 종류의 중성미자(뮤온형 중성미자)가 있음을 실험적으로 발견했다. 이들 셋은 이 공로로 1988년 노벨물리학상을 공동수상했다.

한편 쿼크와 경입자에 더해 이들 사이의 상호작용을 매개하는 입자들이 있다. 입자들 사이의 상호작용은 힘으로 나타난다. 과학자들이 알아낸 우리 우주의 근본적인 힘은 전자기력, 중력, 그리고 약력과 강력 이렇게 네 가지다. 약력과 강력은 20세기 들어 원자 이하의 세계를 탐구하면서 알게 된 힘이다. 약력은 입자의 종류를 바꿀 수 있는 놀라운 힘이다. 예컨대 전자가 약력을 겪으면 전자형 중성미자로 바뀌며, d 쿼크는 u 쿼크로 바뀐다. 강력은 쿼크들 사이에서만 작용하는 강한 힘으로서 궁극적으로는 핵자들을 묶어 원자핵을 형성하게 한다.

약력을 매개하는 입자는 W와 Z 입자이고 강력을 매개하는 입자는 접착자gluon라 한다. 전자기력을 매개하는 입자는 우리에게도 매우 친숙한 빛, 즉 광자photon다. 힘을 매개하는 입자들은 페르미온과 달리 두 입자의 위치를 바꿨을 때 파동함수의 부호가 그대로인 대칭관계를 유지한다. 이런 입자를 보존boson이라 한다. 보존은 스핀값이 정수인 입자들이다. 광자와 W/Z, 그리고 접착자는 모두 스핀이 1인 입자들이다.

이들 입자들은 게이지 대칭성gauge symmetry이라고 하는 추상적인 대칭성을 만족한다. 게이지 대칭성이란 어떤 장field의 위상

phase 변화에 대해 변함이 없는 성질이다. 비유적으로 간단하게 말하자면 이렇다. 우리가 동전의 운동을 기술할 때 어떤 기준에 대해 동전의 앞면과 뒷면이 얼마나 잘 보이는지를 따져 물을 수 있다. 동전이 자신의 지름을 축으로 얼마나 회전하느냐에 따라 앞면과 뒷면이 보이는 정도는 달라진다. 어떤 때는 앞면이 보이기도 하고 어떤 때는 뒷면이 보이기도 한다. 그러나 앞면이 보이든 뒷면이 보이든, 또는 앞면이 많이 보이든 적게 보이든 동전 자체의 본성(질량이나 모양, 색깔 등)은 변함이 없다. 이때 어떤 기준에 대해 앞면이나 뒷면이 회전한 정도(각도로 쉽게 표현할 수 있다)를 동전의 위상이라 할 수 있다. 그러나 동전의 위상은 동전의 본성과 무관하며 물리적인 의미가 없다. 우리가 어떤 기준을 어떻게 잡느냐에 따라 동전의 위상은 임의로 달라질 수 있기 때문이다. 따라서 동전을 기술할 때 동전의 위상이 방정식에 등장하면 무척 불편할 것이다. 다행히 위상변화와 연동되는 새로운 장field, 즉 게이지장gauge field을 도입하면 방정식에 따라다니는 비물리적인 위상을 자동적으로 제거할 수 있다. 이들 게이지 장이 표현하는 입자가 게이지 입자 병기 체제이며, 힘을 매개하는 역할을 한다. 즉 광자나 W/Z입자, 접착자들은 모두 게이지 입자들이다. 특히 전자기력을 매개하는 광자와 약력을 매개하는 W/Z입자는 하나의 게이지이론에서 도출된다. 이것이 바로 약전기이론electroweak theory이다.

여기서 한 가지 문제가 있다. 게이지 대칭성이 유지되면 게이지 입자들은 질량을 갖지 못한다. 광자는 질량이 없으니까 괜찮은데 W나 Z입자는 질량이 없다면 진작 발견되었어야 했다. 즉 실험적으로 W와 Z입자는 상당히 무거운 질량을 가져야 한다. 이 문제를 해결하는 방법 중 하나는 게이지 대칭성을 깨는 것이다. 이와 관련된 현상을 자발적 대칭성 깨짐Spontaneous Symmetry Breaking, SSB이라 한다. 한 가지 비유적인 사례를 들어보자. 나무 위에 못이 똑바로 박혀서 서 있으면 못의 몸체를 축으로 회전하더라도 못의 대칭성이 살아 있다. 그러다 망치질을 잘못해서 못이 한쪽으로 휘어지면 앞서의 회전대칭성은 깨져버린다. 소립자의 세계에서 게이지 대칭성도 이런 식으로 깨질 수 있다.

이 과정에 참여하는 새로운 장field이 힉스장Higgs field이다. 힉스장은 스핀이 0인 보존장boson field으로서 특별히 이를 스칼라장scalar field이라 부른다. 힉스장은 애초에 게이지 대칭성을 만족하며 도입된다. 그러다가 힉스장을 가능한 물리적인 바닥상태 중 하나를 중심으로 다시 기술하면, 마치 망치에 맞은 못이 휘어진 것처럼 게이지 대칭성이 깨지게 된다. 그 여파로 W나 Z입자는 질량을 가지게 되고(광자는 여전히 질량을 갖지 않는다) 전자나 쿼크 등 다른 페르미온들도 질량을 가질 수 있다. 이 과정을 처음 제안한 사람은 1964년의 피터 힉스Peter Higgs, 프랑수아 앙글레르François Englert 및 로버트 브라우트Robert Brout 등이다. 이 과정은 힉스의 이름을 따서 힉스 메커니즘이라 부른다. 그리고 힉스장의 새로운 바닥상태로부터의 요동이 물리적인 입자로 나타나는데, 그것이 바로 신의 입자, 즉 힉스입자다.

이렇게 게이지 대칭성과 자발적 대칭성 깨짐에 기초해 6개의 쿼크와 6개의 경입자, 4개의 힘을 매개하는 입자와 힉스입자까지 총 17개의 입자들을 양자역학적으로(흔히 이들 입자를 장field으로 다루기 때문에 양자장론quantum field theory이라 부른다) 기술하는 이론적 모형을 표준모형이라고 한다. 기본 입자의 개수가 17개라면 엠페도클레스의 4원소보다 많은 숫자이기는 하다. 그러나 이렇게 구축된 표준모형은 지금까지 숱한 실험적 검증을 버텨왔다.

표준모형의 17개 입자들 중 16개의 입자는 20세기에 모두 발견되었다(타우형 중성미자가 2000년에 페르미연구소에서 발견되었다). 단 하나 남은 마지막 퍼즐인 힉스입자만이 21세기가 되도록 발견되지 않았다. 이를 위해 과학자들은 스위스 제네바 근교에 있는 CERN 지하에 LHC를 건설했다. LHC는 현존하는 가장 큰 과학 실험 장비다. LHC는 2008년 가동을 시작했다.《신의 입자》 개정판이 나온 2006년보다 뒤의 일이다. 레더먼도 개정판 서문에 이 점을 명시하고 있다.

LHC는 2012년 마침내 힉스입자를 발견하는 데 성공했다. 이로써 표준모형은 실험적으로 완성된 셈이다. 힉스입자의 발견은 21세기 과학의 가장 큰 성과 중 하나다. 이듬해인 2013년 노벨물리학상은 힉스 메커니즘의 최초 제안자였던 피터 힉스와 프랑수아 앙글레르에게 돌아갔다. 앙글레르와 함께 논문을 썼던 로버트 브라우트는 힉스입자가 발견되기 1년 전인 2011년 세상을 떠났다.

실험 현장의 생생한 목소리를 담다

《신의 입자》는 저자가 실험의 일선에서 각종 입자를 직접 사냥했던 실험물리학자라는 점에서 더욱 가치가 있다. 실험 현장의 생생한 모습과 목소리를 그대로 전해들을 수 있기 때문이다. 미국에서 추진했던 SSC의 규모나 설계 성능이 LHC보다 훨씬 더 컸기 때문에, 만약 SSC가 계획대로 건설되었더라면 레더먼을 위시한 미국의 과학자들이 신의 입자를 먼저 발견했을지도 모를 일이었다. 몇몇 과학자들은 최소 10년은 더 빨리 미국에서 발견했을 것이라고 전망했다. 아마도 많은 미국 과학자들이 이 점을 아쉬워했을 것이다.

CERN에서 힉스입자의 발견을 발표했던 2012년 7월 4일, SSC가 들어서기로 했던 미 텍사스주의 일간지 〈텍사스 트리뷴〉은 "텍사스 과학자들이 힉스보존 탐색 실패에 후회하다"라는 제하의 기사에서 "유럽 과학자들이 획기적인 힉스입자의 발견을 발표하는 가운데, 텍사스의 과학자들은 댈러스 근처에 부분적으로 건설하다 말았던 입자가속기에 유감을 표했다. 이들은 그

기계가 10년 일찍 그 임무를 완수했을 것이라고 말했다."[19]라고
적었다. 이 기사에는 다음 소개할 책의 저자인 스티븐 와인버그
Steven Weinberg의 인터뷰도 실려 있다.

한 가지 흥미로운 점은 힉스입자의 별칭인 '신의 입자'라는 작
명에 레더먼이 크게 기여했다는 사실이다. 이와 관련된 재미있
는 일화가《신의 입자》본문에 나와 있다.

"왜 하필 '신의 입자'냐고? 여기에는 두 가지 이유가 있다. 첫 번
째로는 원래 내가 생각한 별명은 '빌어먹을 입자Goddamn Particle'
였는데, 편집자가 언어순화를 위해 damn을 뺐기 때문이고, 두
번째는 이 책보다 훨씬 먼저 출간된 어떤 책에 이와 비슷한 내용
이 언급되어 있기 때문이다."

🔖 같이 읽으면 좋은 책 《LHC 현대 물리학의 최전선》, 이강영, 사이언스북스
《강력의 탄생》, 김현철, 계단
《사라진 중성미자를 찾아서》, 박인규, 계단

19 ZOË GIOJA AND HOLLIE O'CONNOR, Texas Scientists Regret Loss of Higgs Boson
Quest, The Texas Tribune, July 4, 2012;
https://www.texastribune.org/2012/07/04/higgs-boson-discovery-may-have-been-
possible-texas/

— ((**20**)) —

궁극의 이론을 찾아 나선
과학자들의 대서사시

《최종이론의 꿈》

Dreams of a final theory

스티븐 와인버그 Steven Weinberg, 1933~2021
미국의 이론물리학자. 자연의 거의 모든 현상을 이해하는 데 기초가 되는 표준모형 이론을 완성하고 힉스의 발견을 예견한 현대 물리학의 거장이다. 1959년 프리스턴 대학 대학원에서 박사학위를 받았다. 물리학과 우주에 관한 흥미로운 면들을 대중에게 설파해 온 그는, 우주론의 손꼽히는 고전 《처음 3분간The First Three Minutes》을 쓰기도 했다. 1979년 노벨물리학상을 공동수상했다.

《최종이론의 꿈》은 1993년에 출간되었다. 앞서 소개했듯이 그 해에 공교롭게도 미국에서 진행 중이던 입자가속기인 초전도초대형충돌기 건설 계획이 미 의회에서 최종적으로 폐기되었다.

1979년 노벨물리학상을 공동으로 수상했던 와인버그는 당시 현존하는 세계 최고 수준의 입자물리학자로서 당연히 SSC 계획을 지지했고, 의회에서 끊임없이 예산을 삭감하려는 움직임에 저항했다.《최종이론의 꿈》은 그런 배경 속에서 나온 책이다. 그러나 이 책은 저자가 서문에서도 밝혔듯이 SSC에 대한 책이 아니다. 보다 근본적으로, 과학자들이 왜 그렇게 많은 돈을 들여 거대한 장비를 만들려고 하는지, 이를 통해 궁극적으로 얻고자 하는 것이 무엇인지, 그런 활동들의 문명사적 의의는 무엇인지를 장대한 서사시로 펼쳐내고 있는 책이다.

표준모형의 뼈대를 만든 와인버그

그 궁극의 목적 중 하나가 책의 제목으로 제시된 '최종이론'이다. 최종이론이란 다른 무엇으로도 환원되지 않고 다른 어떤 더 근본적인 것으로부터 설명되지도 않는 그 자체로 궁극적이고 완결적인 이론이다. 와인버그는 이를 북극에 비유한다. 서울에서 북쪽이라는 말은 의미가 있지만 북극점에서는 그보다 북쪽이라는 말이 의미가 없다. 물론 2024년 현재까지 우리는 아직 최종이론에 이르지 못했다. 그런 것이 있는지조차 알기 어렵다. 와인버그는 자신이 의미했던 바의 최종이론이 있을 것이라 기대했다.

적어도 와인버그에게는 최종이론의 존재에 대해 이렇다 저렇다 말할 만한 자격이 충분히 있었다. 와인버그는 입자물리학을 설명하는 현대적인 이론모형인 표준모형standard model의 뼈대를 만든 사람이기 때문이다.

표준모형은 앞서 설명했듯이 자연을 구성하는 기본입자들에 관한 양자역학적 모형이다. 표준모형에는 6개의 쿼크와 6개의 경입자가 있다. 이들은 스핀이 2분의 1인 페르미온들로서 물질을 직접 구성하는 입자들이다. 이들 입자들은 게이지 대칭성이라고 하는 추상적이고 내적인 대칭관계를 만족한다. 게이지 대칭성이 작동하려면 그에 상응하는 게이지 입자가 반드시 있어야만 한다. 이들 게이지 입자는 자연의 근본적인 힘을 매개한다.

여기서 와인버그는 전자기력과 약력을 약전기electroweak라는 하나의 게이지 대칭성으로 통합했다. 이와 결부된 게이지 입자는 모두 넷이다. 그중 하나는 사람들에게 너무나 익숙한 빛, 즉 광자다. 나머지 셋은 W+, W-, 그리고 Z입자다. 이들은 약한 핵력을 매개하는 입자들이다. W입자는 전기를 띠기 때문에 W가 매개하는 반응에서는 입자의 종류가 바뀐다. 예컨대 d 쿼크가 u 쿼크로 바뀌고 전자가 전자형 중성미자로 바뀐다. 반면 Z입자는 전기적으로 중성이다. Z가 매개하는 반응에서는 입자의 종류가 바뀌지 않고 전기전하 또한 바뀌지 않는다. 이런 반응을 중성류neutral current라 한다.

그러나 한 가지 문제가 있었다. 게이지 대칭성이 유지되면 W나 Z입자들이 질량을 가질 수가 없었다. 광자는 원래 질량이 없으니 문제가 없었지만, 만약 W나 Z입자에 질량이 없다면 오래전에 실험적으로 관측되었을 것이다. 이 모순을 해결하려면 W 나 Z입자가 상당히 무거운 질량을 갖고 있어야만 했다. 와인버그는 여기서 1964년 피터 힉스 등이 제안한 힉스 메커니즘을 도입해 게이지 대칭성이 자발적으로 깨지도록 했다. 그 결과 W와 Z입자, 그리고 다른 페르미온들이 질량을 가질 수 있다. 그 내용을 정리한 1967년의 논문 〈경입자 모형A Model of Leptons〉은 20세기 말까지 과학 분야에서 가장 많이 인용된 논문 중 하나였다. 그 공로로 와인버그는 1979년 압두스 살람Abdus Salam, 셸던 글래쇼Sheldon Glashow와 함께 노벨물리학상을 공동수상했다.

그런데 와인버그의 1967년 논문이 처음부터 학계에서 각광을 받은 것은 아니다. 그 논문의 중요성을 처음 알아본 사람이 바로 이휘소(벤자민 리)였다. 이휘소 박사는 와인버그 논문이 학술적으로 대단히 중요함을 알아채고 학계에 이를 적극적으로 소개했으며, 그 이론의 수학적 일관성을 증명하는 일이 중요하다고 언급하기도 했다. 네덜란드의 물리학자 헤라르뒤스 엇호프트Gerardus 't Hooft와 그의 지도교수였던 마르티뉘스 펠트만Martinus Veltman은 바로 그 작업을 성공적으로 수행해 1999년 노벨물리학상을 공동으로 수상했다. 그때까지 〈경입자 모형〉은 학계의 주목을 받지도 못했고 인용조차 거의 되지 않았다. 그런 인연 때문인지 와인버그는 이휘소를 매우 높게 평가했다. 이들 내용 또한《최종이론의 꿈》에 잘 소개돼 있다.

표준모형은 아직까지도 수많은 실험적 검증을 거쳐 확인된, 가장 성공적인 모형이다. 2600년 전 탈레스로부터 이어진 여정, 즉 세상은 무엇으로 만들어졌을까에 대한 20세기의 모범답안이 바로 표준모형이고, 그 뼈대를 세운 사람이 와인버그다.《최종이론의 꿈》이 출간된 당시까지는 t 쿼크와 타우-중성미자, 힉스입자 등이 아직 실험적으로 발견되지 않았다. 과학자들이 SSC라는 초대형 입자가속기를 만들려고 했던 것도 이런 이유 때문이었다. 2600년에 걸친 질문에 대한 답을 찾는 여정이라면 SSC 같은 담대한 계획을 누구라도 추진하고 싶지 않았을까?

물론 표준모형은 아직 최종이론과는 거리가 멀다. 표준모형은 궁극의 '이론theory'이 아니라 임시방편적인 요소가 많은 '모형model'이다. 무엇보다 표준모형에서는 중력을 양자역학적으로 설명할 수 없으며, 이 우주가 품은 에너지의 약 26% 정도를 차지하는 것으로 예상되는 암흑물질dark matter을 설명할 수 없다. 표준모형의 입자목록 중에 암흑물질이 될 만한 후보는 하나도 없다.

그러나 표준모형이 여러 과학 이론의 지도 속에서 차지하는 위치를 살펴보면, 설명의 방향이 표준모형을 향하고 있음을 알게 된다. 예컨대 열현상은 19세기에 등장한 분자들의 운동이론으로 설명할 수 있다. 이들 분자는 결국 원자들로 이루어져 있고, 원자를 구성하는 요소들은 결국 표준모형의 지배를 받게 된다. 표준모형이 궁극적으로 모든 설명의 화살표가 수렴하는 최상위의 이론은 아닐지라도 그 여정에서 (만약 최종이론을 상정한다면) 매우 중요한 단계에 있음은 분명하다. 또한 그런 설명의 화살표를 표준모형 너머로 투사해 본다면 궁극적인 최종이론이 존재하리라 기대하는 것도 무리는 아니다. 그렇게 표준모형에서 한 걸음 더 궁극의 이론으로 다가가는 데 결정적인 역할을 할 수 있는 수단이 바로 SSC였다.

무엇이 과학을 과학답게 하는가

이 책이 나온 1990년대 중반 이후에는 새로운 천년에 대한 막연한 기대감과 함께 최종이론, 또는 궁극이론에 대한 물리학자들의 기대감이 고조되고 있었다. 이는 주로 끈이론의 성공 때문이기도 했다. 그러나 21세기로 넘어가면서 분위기는 상당히 많이 바뀌었다. 와인버그식 최종이론은 말하자면, 뉴턴 이래로 아인슈타인에 이르기까지 자연의 보편 법칙을 추구해 왔던 역대 모든 과학자들의 로망 또는 성배라고도 할 수 있다. 결국 과학자들이 알고 싶은 게 궁극의 법칙이나 이론 아니겠는가. 그러나 21세기에는 최종이론 또는 궁극이론 자체가 존재하지 않을 수도 있다는 생각이 많이 퍼지기 시작했다. 이와 관련해서는 이 책에서 소개하는 레너드 서스킨드Leonard Susskind의 《우주의 풍경The Cosmic Landscape》이나 맥스 테그마크Max Tegmark의 《맥스 테그마크의 유니버스Our Mathematical Universe》를 참고하기 바란다.

《최종이론의 꿈》은 과학적인 내용뿐 아니라 과학 자체에 대한 메타과학적인 성찰도 함께 담고 있다. 무엇이 과학을 과학답게 하는가에 대한 저자의 몇 가지 실마리가 책 곳곳에 녹아 있다. 예컨대 5장 '이론과 실험에 관한 이야기'라든지 6장 '아름다운 이론'에서는 하나의 과학적 사실이 확립되는 간단치 않은 과정을 풍부하면서도 깊이 있는 내용으로 다루고 있다.

특히 와인버그는 환원주의적 접근이 과학에서 아주 성공적이었으며, 여전히 중요한 요소라고 주장한다. 환원주의란 간단히 말해 보다 근본적인 요소로 어떤 현상을 설명하는 방식이다. 만물의 아르케를 물었던 탈레스나, 그 후신이라고 할 수 있는 입자물리학은 그 자체가 환원주의의 가장 대표적인 사례다. 물론 모든 과학자들이 환원주의를 옹호하는 것은 아니다. 물리학 중에서도 응집물질물리학이나 통계물리학을 연구하는 사람들은 더 근본적인 구성요소만으로는 설명할 수 없는 현상, 즉 창발 emergence에 더 무게를 둔다. 예컨대 생명현상은 개별 분자나 원자 단위에서는 찾아볼 수 없는 놀라운 현상이다. 이들 중 상당수는 SSC 건설에 반대하기도 했었다.

또한 와인버그는 과학적 탐구 대상 및 그와 연동된 자연 법칙이 과학자의 존재와는 별개로 객관적이고 독립적으로 존재한다는 실재론realism을 적극 옹호하며 이와 대비되는 많은 과학철학자들이나 사회구성론자들을 비판한다. 철학자들을 비판하기 위해 《최종이론의 꿈》에 하나의 장을 할애할 정도였다. 사회구성론자들은 과학적인 내용이 마치 정치적인 협상과도 같이 과학자들 사회에서 '구성'된다고 여긴다. 이런 주장은 독립적이고 객관적인 과학 법칙을 '발견'한다고 여기는 과학자들로서는 도저히 받아들이기 힘들다.

사실 SSC가 폐기된 이후 1990년대 중반부터 서구 사회에서는 과학의 성격과 지위를 둘러싸고 사회구성론자 또는 과학사회학자들과 과학자들 사이에 이른바 '과학전쟁'이라는 논쟁이 진행되었다. 《최종이론의 꿈》은 과학전쟁을 촉발시킨 책들 중 하나로 꼽힌다.

《최종이론의 꿈》이 갖는 묵직한 질문과 문명사적 의의

와인버그는 수많은 명저를 쓴 것으로도 유명하다. 양자역학이나 양자장론, 우주론 등 다양한 분야에 걸쳐 훌륭한 교과서를 집필했을 뿐만 아니라 《처음 3분간》《아원자 입자의 발견The Discovery of Subatomic Particles》처럼 대중적으로 접근 가능한 책도 썼으며 《과학전쟁에서 평화를 찾아Facing up : science and its cultural adversaries》라는 책을 남기기도 했다. 그의 문장은 절제된 화려함과 비단결 같은 표현으로 물 흘러가듯 엮인다. 그래서 와인버그의 저작은 영어 원문으로 읽는 재미도 크다.

지난 2007년 나는 운 좋게도《최종이론의 꿈》을 번역하게 되었다. 첫 번역서라 서툰 문장과 표현이 적지 않아 독자들에게 죄송한 마음뿐이다. 그해 나는《최종이론의 꿈》한국어판 출간을 기념해 미국 텍사스대학(UT) 오스틴으로 와인버그를 인터뷰하러 갔었다. 인터뷰 내용은 한국어판 후기에 모두 실려 있다.《최종이론의 꿈》을 번역하고 와인버그를 인터뷰한 것은 나의 30대에 가장 인상적인 경험이었다. 그런 개인적인 인연이 없었더라도 나는《최종이론의 꿈》을 필독서 중의 하나로 반드시 포함시켰을 것이다. 이 책이 던지는 묵직한 질문과 문명사적인 의의가 최소한 2천 년은 넘는 연륜을 가지고 있기 때문이다. 또한 그 질문은 21세기에도 여전히 많은 과학자들에게 영감을 불어넣어 주고 있다.

와인버그는 2021년 88세를 일기로 사망했다.

같이 읽으면 좋은 책 《과학전쟁에서 평화를 찾아》, 스티븐 와인버그, 문화디자인
《놀라운 대칭성》, 앤서니 지, 범양사
《아원자 입자의 발견》, 스티븐 와인버그, 민음사
《우주로 가는 물리학》, 마이클 다인, 은행나무
《처음 3분간》, 스티븐 와인버그, 전파과학사
《LHC, 현대 물리학의 최전선》, 이강영, 사이언스북스

21

혼돈 속에 발견한 질서,
그 놀라운 아름다움에 대해

《카오스》

Chaos: making a new science

제임스 글릭 James Gleick, 1954~
미국의 저술가이자 기자이자 에세이 작가. 하버드 대학에서 영문학과 언어학을 전공
했다. 1979년부터 10년 동안 <뉴욕 타임스>에서 편집자와 기자로 일하면서 다양한
경험을 쌓은 뒤, 과학과 기술을 주제로 기고문과 책을 쓰는 일에 전념하고 있다. 1989
년에서 1990년에는 프린스턴 대학의 초빙 교수로 강의를 하기도 했다. <뉴요커> <
슬레이트> <워싱턴 포스트>에 글을 썼으며, 'Best American Science Writing' 시리
즈의 초대 편집자를 지내기도 했다.

1987년에 출간된 《카오스》는 말하자면 새로운 고전과도 같은
책이다. 《카오스》는 제임스 글릭의 첫 저서로 미국에서만 100
만 부 이상 판매된 세계적인 베스트셀러다. 이제는 누구나 한번
쯤 들어봤을 '나비효과butterfly effect'라는 말을 대유행시킨 책이기
도 하다. 2008년에는 개정판이 출간되었다.

'나비효과', 첫 날갯짓을 하다

나비효과란 한 곳에서의 작은 변화가 아주 멀리 있는 다른 곳에서 엄청난 결과를 초래할 수 있음을 비유적으로 표현한 것이다. 보통 "북경에서 나비가 날갯짓하면 브라질 앞바다에서 큰 해일이 생긴다."는 식으로 표현된다. 나비효과는 카오스 현상의 대명사처럼 사람들에게 크게 각인되었다. 보다 전문적으로는 '초기조건의 민감성'이라고 한다. 입력 단계에서의 미세한 차이가 출력 단계에서 엄청나게 큰 차이로 나오는 현상이다.

　나비효과를 처음 발견한 것은 1961년 미국의 수학자이자 기상학자인 에드워드 로렌츠Edward Lorenz였다. 로렌츠는 2차 세계대전 때 미 공군에서 기상예보관으로 일하기도 했다. 이후 미국 메사추세츠 공과대학MIT에서 기상학으로 박사학위를 받았고, MIT 기상학과에 교수로 부임했다. 거기서 로렌츠는 로열 맥비Royal McBee라는 초기 컴퓨터를 이용해 기상 모형을 돌려 수치적으로 날씨를 예측하고 있었다. 한번은 어떤 결과를 다시 검토하는 과정에서 처음부터 모든 과정을 다시 하는 대신 시간을 아끼기 위해 이전 작업에서 얻은 데이터를 그대로 입력했다.

　놀랍게도 새로 출력된 결과는 이전 결과와 완전히 달랐다. 원인은 중간에 입력한 데이터에 있었다. 해당 컴퓨터는 소수점 이하 6자리까지 처리했지만 결과물을 출력할 때는 분량을 줄이기 위해 마지막 세 자리를 버리고 앞의 세 자리만 출력했다. 예컨대

0.506127의 결과가 0.506으로 출력되는 식이다. 로렌츠는 이렇게 반올림한 값을 중간에 다시 입력한 것이었다. 이 조치가 나중에 엄청나게 다른 결과를 초래하리라고는 누구도 예상하지 못했을 것이다. 조그만 오차를 무시했을 때 물론 그 오차가 조금씩 쌓이겠지만 전체적인 판도를 바꿀 정도의 결과를 내지 않으리라는 것이 상식적인 예상이다. 그러나 로렌츠가 얻은 결과는 그런 상식을 뒤엎는 수준이었다. 초기조건의 극히 미세한 차이가 나중에는 엄청나게 다른 결과를 초래할 수도 있다. 이것이 나비효과, 즉 '초기조건의 민감성'이다.

'나비효과'라는 말 자체도 로렌츠의 눈문 제목에 있던 표현이다. 로렌츠가 1972년 미국과학진흥회에 발표한 논문 제목이 〈예측가능성: 브라질에서 나비의 날갯짓이 텍사스에서 토네이도를 일으킬 수 있을까?Predictability: Does the Flap of a Butterfly's Wings in Brazil set off a Tornado in Texas?〉였다.

날씨와 마찬가지로 지질 활동, 난류, 주가지수 같은 현상도 초기조건에 매우 민감하게 반응하며 복잡한 결과를 초래한다. 초기조건 민감성은 과학의 예측가능성에 큰 의문을 던질 수밖에 없다. 사실 과학을 하는 가장 큰 보람이라면 어떤 보편적인 법칙에 따라 미래를 예측하는 것이다. 뉴턴 이래로 정립된 고전역학은 이 역할을 충실히 수행해 왔고 대단한 성공을 거두었다. 우리가 흔히 과학 하면 떠올리는 심상도 이와 다르지 않다. 18~19세기 프랑스의 위대한 수리물리학자였던 피에르-시몽 라플라스 Pierre-Simon Laplace는 이런 심상의 절정에 있던 인물이었다. 우리 우주에 충분히 똑똑한 지성이 존재하고 가능한 모든 초기조건과 모든 힘을 다 알고 있다면, "최고 지성은 우주에서 가장 큰 물체와 가장 가벼운 원자의 운동을 하나의 공식 안에 동시에 나타낼 것이다. 불확실한 것은 하나도 없으며, 최고 지성의 눈에는 미래가 마치 과거처럼 나타날 것이다."(본문 39쪽)

그러나 초기조건의 미세한 변화가 최종 결과에서 엄청난 차이를 유발한다면 우리가 실질적으로 무엇을 예측한다는 것이 크게 제약을 받을 수밖에 없다. 또한 그렇게 나오는 결과들은 주기적인 특성도 갖고 있지 않다. 아무리 복잡해도 주기적으로 어떤 패턴이 반복된다면 우리의 예측가능성은 커질 것이다. 한 가지 중요한 점은 그런 카오스 현상도 어쨌든 원리적으로는 '결정론적'이라는 사실이다. 초기값을 넣고 컴퓨터를 돌리면 어쨌든 최종 결과가 하나로 정해진다.

카오스 현상의 특성을 찾아서

원자 이하의 미시세계를 지배하는 양자역학의 교리는 전혀 다르다. 양자역학에서는 우리가 초기조건을 아무리 잘 알고 있더라도 양자역학이 최종적으로 말할 수 있는 것은 확률분포뿐이다. 즉 어떤 결과가 나올 것인지를 확률적으로만 알 수 있다. 이런 의미에서 양자역학은 비결정론적이며 확률론적이다. 게다가 양자역학이 지배하는 세상에서는 불확정성의 원리가 작동한다. 이에 따르면 입자의 위치와 운동량(고전적으로는 질량과 속도의 곱으로 주어지는 양)을 동시에 정확하게 정할 수 없다. 이것은 자연의 근본적인 한계다. 카오스 이론에서는 우리가 초기조건을 아무리 정확하게 알고 있더라도 미세한 차이가 이후 엄청나게 큰 차이를 초래한다고 말하는 것이고, 양자역학에서는 우리가 원리적으로 모든 초기조건을 정확하게 알 수 없으며, 최종적인 결과도 오직 확률적으로만 알 수 있다고 말하고 있다.

카오스 현상의 또 다른 특징은 비선형성non-linearity이다. 실제 로렌츠는 간단한 비선형 방정식으로 카오스 현상을 재현하기도 했다. 수학에서 선형성이란 어떤 함수가 직선의 성질을 가지는 것을 말한다. 즉 변수의 합의 함수가 각 변수의 함수의 합과 같고, 변수의 상수 곱의 함수가 함수의 상수 곱과 같을 때 그 함수는 선형적이라 한다. 자연현상을 기술하는 방정식은 보통 미분방정식의 형태를 띠는데, 미분방정식 자체가 이런 성질을 만족하는 선형방정식이면 방정식을 풀기도 쉽고 카오스 현상도 나타나지 않는다. 선형성이 있는 시스템의 특징은 초기조건의 변화가 그대로 최종 결과에 반영된다는 점이다. 초기조건의 미세한 변화는 최종 결과에서도 미세하게 남을 뿐, 결코 크게 증폭되지 않는다.

선형방정식으로 표현되는 물리계는 오랜 세월 물리학에서 가르쳐왔던 대상이다. 기존의 물리학에서는 '잘 풀리는' 미분방정식을 쓰고 그걸 푸는 훈련을 시키는 게 교육의 핵심이었다. 예컨대 진자의 운동을 기술하는 올바른 방정식에는 진폭의 각도에 대한 사인함수가 들어가지만, 계산의 편의를 위해 각도가 작을 때 각도값과 그 사인함수값이 비슷하다는 사실로부터 각도값 자체를 변수로 취급한다. 이렇게 근사하면 운동방정식은 아주 간단한 선형방정식으로 바뀐다.

그러나 실제 현실에 가까운 미분방정식은 대체로 잘 풀리지 않는다. 이들은 대개 비선형 미분방정식들이다. '잘 풀리는' 미분방정식은 카오스가 아닐 가능성이 높다. "왜냐하면 미분방정식을 풀기 위해서는 각운동량과 같이 계속 보존되는 일정한 불변량을 찾아야 하기 때문입니다. 불변량을 충분히 찾아내면 미분방정식을 풀 수 있습니다. 하지만 이는 틀림없이 카오스의 가능성을 제거하는 길입니다."(본문 111쪽) 이런 맥락에서 카오스는 전통적인 물리학의 입장에서 이단에 가깝다.

보다 현실에 가깝게 묘사하기 위해서는 선형방정식에 비선형 항들을 추가해 분석하기도 한다. 대표적인 항이 마찰항이다. "비선형성이란 게임을 하는 행위 자체가 게임의 룰을 변화시킨다는 것을 의미한다. 우리는 마찰에 변함없는 중요성을 부여할 수 없는데, 그 중요성이란 게 속도에 좌우되기 때문이다. 거꾸로 속도는 마찰에 좌우된다. 이렇게 서로 얽힌 변화 가능성 때문에 비선형성을 계산하기가 어렵지만, 이는 또한 선형계에서는 결코 나타나지 않는 풍부한 운동 행태를 만들어낸다."(본문 52쪽)

카오스 현상의 또 다른 특징으로는 자기유사적인 프랙탈 fractal 구조를 들 수 있다. 프랙탈이라는 말을 처음 만든 사람은 폴란드 태생의 프랑스계 미국 수학자 브누아 망델브로Benoît B. Mandelbrot였다. 1975년 그는 '깨진' '조각난' 등의 뜻을 가진 라틴어 fractus에서 fractal이라는 단어를 만들었다. 망델브로는 1967년 〈영국의 해안선은 얼마나 긴가? 통계적인 자기유사성과 분수차원〉이라는 흥미로운 논문을 발표했다. '해안선 모순'으로도 알려진 이 문제는 영국의 과학자였던 루이스 리처드슨 Lewis Richardson이 연구했던 문제였다. 이에 따르면 해안선의 길이는 길이를 재는 자의 척도에 따라 달라진다. 예컨대 최소척도가 1미터인 자로 해안선을 측정하면 1미터 이하의 굴곡은 모두 무시된다. 최소척도가 30센티미터인 자로 측정하면 1미터자로 측정했을 때보다 해안선의 길이가 더 길게 나올 것이다. 물론 미적분의 개념을 도입해 충분히 짧은 길이로 측정한 거리를 모두 더하면 정확한 해안선 길이에 수렴하는 결과를 얻을 것이다. 그러나 만약 척도를 줄여 나갈 때마다 비슷하게 복잡한 해안선 구조가 계속해서 등장한다면 어떻게 될까? 아마도 그 미세하게 복잡한 구조까지 모두 더한다면 해안선의 길이는 무한대가 될 것이다. 여기서 망델브로는 부분의 구조가 전체의 구조와 비슷한 자기유사성에 주목했다. 자기유사성은 하천지류, 나뭇가지나 눈송이 등에서도 쉽게 찾아볼 수 있는 구조다.

망델브로는 해안선 같이 불규칙하고 거친 모양을 정의할 수 있는 새로운 개념으로서 소수차원(또는 분수차원)을 제시했다. 한 가지 중요한 특징은 소수차원, 즉 불규칙한 정도는 척도 또는 축척에 상관없이 항상 일정하다는 점이다. 이것이 자기유사성을 수학적으로 표현하는 방법이기도 하다. 훗날 망델브로는 이런 구조에 프랙탈이라는 이름을 붙였다. 프랙탈 구조는 아주 간단한 규칙을 통해 수학적으로 쉽게 구현할 수 있다. 가령 정삼각형의 각 변의 한가운데에 원래보다 한 변의 길이가 3분의 1인 작은 정삼각형을 갖다 붙이는 작업을 계속 수행하면 눈송이 모양의 프랙탈을 얻을 수 있다. 이는 1904년 스웨덴 수학자 헬게 폰 코흐Helge von Koch가 처음 제시한 구조로, 코흐 곡선(본문 152쪽)이라 부른다. 이렇게 만들어진 코흐 눈송이의 면적은 유한하지만 이를 둘러싼 둘레의 길이는 무한히 크다.

혼돈 속의 질서를 찾아낸
카오스 이론의 가치

《카오스》는 무질서하고 복잡해 보이는 현상을 설명하기 위한 카오스 이론이 발전해 온 궤적을 추적해 나가는 이야기다. 여기에는 무려 200여 명의 많은 과학자들이 등장한다. 저자의 꼼꼼한 취재와 인터뷰 내용이 곳곳에 실려 있어 생생한 현장감을 느낄 수 있다. 그러나《카오스》는 단지 혼돈 속에서만 머물러 있지 않는다. 이 책은 한마디로 '카오스 속의 질서'를 찾아나가는 여정이라고도 할 수 있다. '카오스 속의 질서', 즉 '혼돈 속의 질서'는 말 그대로 그 자체에 역설과 모순을 내포하고 있다. 그러나 그게 원래 과학자들이 하는 일이다. 복잡한 난류와 구름과 해안선 속에서도 뭔가 규칙성을 찾아내려고 하는 게 과학자들의 본성이다. 자기유사적인 프랙탈이나 5장에서 소개하는 이상한 끌개도 그런 징표들 중 하나다.

카오스 이론이 상대성이론과 양자역학의 뒤를 잇는 새로운 과학혁명("20세기 물리학에서의 세 번째 대혁명")인지에 대해서는 여러 의견이 있을 수 있다. 다만 기존의 깔끔하게 정해진 답만 잘 찾아내던 과학의 울타리 바깥에 놓여 있던 실제의 복잡한 자연현상을 과학적으로 분석하고 이해할 수 있는 길을 열었고, 학문적으로는 비선형 동역학의 중요성을 일깨웠다는 점에서 카오스 이론의 가치는 여전히 높이 평가받아 마땅하다.

같이 읽으면 좋은 책 《동시성의 과학, 싱크Sync》, 스티븐 스트로가츠, 김영사
《자연은 어떻게 움직이는가》, 페르 박, 한승
《카오스와 비선형동역학》, 문희태, 서울대학교출판부

22

네트워크로 연결된 세상의 비밀을 파헤친
과학자들의 연대기

《링크》

Linked: The New Science of Networks

> **알버트 라슬로 바라바시 Albert-Laszlo Barabasi, 1967~**
> 루마니아 출신의 헝가리계 미국인으로 복잡계 네트워크 과학의 창시자로 불리는 과학자. 미국 보스턴 대학에서 박사학위를 받았다. 노스이스턴 대학 네트워크 과학학과의 로버트 그레이 닷지 교수이자 복잡계 네트워크 센터 소장이다. 경계를 넘나드는 다양한 관심사와 해박한 지식, 독창적 논리와 대중적 흡인력으로 호평을 받고 있다.

지금까지 소개했던 책들 중에는 환원주의적 관점에서 자연을 연구하는 내용이 많았다. 입자물리학의 연구 기획은 대체로 환원주의다. 저 옛날 플라톤의 《티마이오스》도 따지고 보면 환원주의적 방법론을 채택하고 있다. 《링크》는 과학에서 환원주의만이 모든 문제를 해결할 수 없음을 여실히 보여준다. 네트워크는 정의 그대로 노드node(마디)와 링크link(마디와 마디를 연결하는 선)들의 집합체일 때에만 의미가 있다. 네트워크를 구성하는 노드와 링크로 따로 떼어 놓고서는 전체 네트워크의 구조로서의 특성과 그로부터 야기되는 결과를 절대로 파악할 수 없다. 즉 네트워크는 환원주의로 분석할 수 있는 대상이 아니다.

네트워크로 연결된 세상 속으로

바라바시는 노드와 링크로 이루어진 네트워크의 특성을 규명한 것으로 유명하다. 특히 월드와이드웹을 연구한 결과 그 특성이 멱함수의 법칙을 따르는 척도 없는 네트워크임을 밝혀냈다. 이는 현실에서 존재하는 많은 네트워크 속에서 발견할 수 있는 특징이다. 이 과정에서 한국의 정하웅 카이스트 교수가 매우 중요한 공동연구자로 등장한다. 정하웅 교수는 월드와이드웹의 구조를 파악하는 검색로봇을 개발해 멱함수의 법칙을 알아내는 데 크게 기여했다.

여기서 멱함수의 법칙이란, 특정 개수의 링크를 갖는 노드의 개수가 그 링크 개수의 간단한 거듭제곱으로 주어진다는 법칙이다. 이는 사람의 키나 시험성적분포 등에서 쉽게 볼 수 있는 종모양의 정규분포와 다르다. 정규분포는 노드의 개수가 링크 개수에 대해 지수함수적으로 감소한다. 인터넷이나 월드와이드웹, 심지어 세포 속 단백질의 상호작용 네트워크, 유기체 속

의 신진대사 네트워크, 항공노선, 인맥구조 등에서도 멱급수의
법칙을 확인할 수 있다는 것이 바라바시의 결론이고 이 책의 주
제다.

이 책의 6장까지는 네트워크 이론이 역사적으로 어떻게 변화
발전해 왔으며 멱급수의 법칙을 따르는 척도 없는 네트워크에
이르게 되었는지를 설명한다.

2장 '무작위의 세계'에서는 18세기의 위대한 수학자 레온하
르트 오일러Leonhard Euler의 그 유명한 쾨니히스베르크 다리 한붓
그리기 일화부터 시작한다. 이는 네트워크 이론의 원조라 할 만
하다. 이후 헝가리의 수학자 폴 에르되스Paul Erdős와 알프레드 레
니Alfred Reney가 제안한 무작위적 네트워크 이론을 소개한다. 에르
되스-레니 모형에서는 링크가 무작위로 연결된다. 그 결과 대다
수의 노드들이 거의 같은 개수의 링크를 갖게 된다. 그러나 현실
의 네트워크에서는 무작위가 절대적이지 않다. 에르되스와 레
니는 네트워크의 현실적 응용보다 무작위적 네트워크의 수학적
아름다움과 일관성에 집중해 자신들의 모형을 제시했다.

3장 '여섯 단계의 분리'에서는 "6단계만 거치면 세상 누구와
도 닿을 수 있다."는 놀라운 법칙을 소개한다. 우리나라에서도
이 명제가 한때 큰 화제가 되기도 했었다. 네트워크의 언어로 말
하자면, 60억 개의 노드로 이루어진 네트워크에서 두 개의 노드
를 임의로 골랐을 때 이들 사이의 평균 거리가 6단계에 불과하

다는 말이다. 이는 우리가 그만큼 인간 사회라는 네트워크의 밀도가 높은 좁은 세상small world에 살고 있기 때문이다.

4장 '좁은 세상'에서는 무작위적 네트워크와는 다른 네트워크를 소개한다. 미국의 사회학자 마크 그라노베터Mark Granovetter는 몇 개의 클러스터로 구성된 네트워크 모형을 제시한다. 클러스터는 그 내부의 노드들이 서로가 모두 긴밀하게 연결된 구조다. 클러스터 외부로는 몇 개 안 되는 링크로 연결돼 있다. 그 결과 사회 네트워크는 작은 완전연결 그래프들이 연합체를 이룬 것과 같고, 그 각각의 내부는 모든 노드가 그 클러스터 내의 모든 노드와 연결돼 있는 구조다. 세계적인 사회학자 던컨 와츠Duncan J. Watts와 미국의 수학자 스티븐 스트로가츠Steven Strogatz는 클러스터의 결속 정도를 나타내는 클러스터링 계수를 도입했다. 클러스터링은 과학공동체, 인터넷 웹, 기업 간 공동소유 네트워크, 생태계 먹이사슬, 세포 내의 분자 네트워크 등에서 보편적으로 발견할 수 있다. 클러스터링은 무작위 네트워크로는 설명할 수 없는 구조다. 와츠와 스트로가츠는 에르되스-레니의 무작위적인 세계와 고도로 클러스터링이 돼 있지만 노드 간 거리가 멀리 떨어진 정규적 격자 모델 양쪽을 통합할 방법을 제시했다.

5장 '허브와 커넥터'에서는 바라바시 연구진이 웹에서 발견한 '허브'를 소개한다. 허브란 비정상적으로 많은 링크를 갖고 있는 노드다. 이는 인간 사회에서 인맥이 아주 넓은 마당발, 또는 커넥터와도 같다. 커넥터 또는 웹의 허브의 존재는 무작위적 세계관 전체를 폐기시킨다. 왜냐하면 허브의 존재는 웹의 위상구조가 불균등하다는 점을 보여주기 때문이다. 무작위적 세계에는 커넥터가 있을 수 없다. 거꾸로 말하자면 현실에 존재하는 네트워크는 무작위적이지 않다. 허브는 세포 내 분자들 간 화학적 상호작용의 네트워크에도 존재한다. 물 분자나 ATP가 대표적인 사례. 에르되스는 수학자 공동체의 주요 허브, 즉 커넥터였으며 전화회선에도 허브가 존재한다.

6장 '80/20 법칙'은 이 책에서 가장 중요한 장으로, 멱함수의 법칙을 소개한다. 바라바시 연구진은 웹페이지 링크 분포가 로그 스케일로 봤을 때 멱함수의 법칙을 따르고 있다는 걸 알게 된다. 이는 종 모양의 정규분포와 다르다. 피크가 없고 다수의 작은 사건들이 소수의 큰 사건들과 공존할 수 있다. 정규분포에서는 링크 수에 대한 노드의 분포에서 꼬리부분이 지수함수적으로 감소하기 때문에 노드가 집중된 허브가 존재할 수 없다.

반면 멱함수 분포에서는 꼬리가 훨씬 천천히 감소하므로 허브와 같이 희귀한 사건이 얼마든지 생겨날 수 있다. 멱함수 법칙은 고유한 지수로 규정되며 이를 '연결선 수 지수degree exponent'라 한다. 일반적으로, k개의 들어오는 링크를 가진 웹페이지의 개수 $N(k)$는 $N(k) \sim k^{-\gamma}$의 분포를 따른다. 이것이 멱함수의 법칙으로, 여기서 γ가 연결선 수 지수다. 할리우드 배우 네트워크, 에르되스와 수학자 공동체, 세포 내 상호작용하는 분자 네트워크, 물리학 저널 인용의 분포 등에서도 멱함수 법칙을 발견할 수 있다. 대부분의 시스템에서 연결선 수 지수가 2에서 3 사이로 나타난다.

무작위 네트워크에서는 전체를 특징짓는 평균적 노드 같은 고유한 척도scale를 갖고 있으나 멱함수 분포에서는 그런 평균 같은 척도(특징적 노드)가 없다. 이런 의미에서 멱함수 분포는 척도 없는scale-free 네트워크라 한다. 고속도로망은 무작위 네트워크이고 항공노선망은 멱함수 네트워크다. 흔히 80대 20의 법칙이라는 파레토의 법칙도 멱함수 분포의 한 사례다. 이탈리아의 경제학자이자 사회학자 빌프레도 파레토Vilfredo Pareto는 소득분포가 멱함수 법칙을 따른다는 것을 발견했다. 멱함수 법칙을 한마디로 요약하자면 소수의 큰 사건이 대부분의 일을 한다(80/20)는 생각을 수학적인 용어로 정식화한 것이다.

네트워크에서 멱함수의 법칙을 발견한 것이 흥미로운 이유는 물리학자들이 이미 액체가 기체로 바뀌는 등의 상전이 현상에서 멱함수의 법칙을 확인했기 때문이다. 또한 윌슨의 재규격화군 이론을 이용하면 무질서가 질서 상태로 전이되는 임계점 근처에서 멱함수의 법칙을 도출할 수 있다. 따라서 웹페이지 같은 복잡한 네트워크 속에서 멱함수의 법칙을 발견했다는 것은 네트워크 배후에 보편적인 법칙이 작동함을 확인한 것과도 같다.

7장 '부익부 빈익빈'에서는 진화하는 네트워크 모형을 통해 보다 현실적인 네트워크에 접근한다. 현실의 네트워크는 노드들이 더해지면서 성장한다. 에르되스-레니 모형이나 와츠-스트로가츠 모형에서는 모두 노드 개수가 고정돼 있다고 가정하지만 현실은 그렇지 않다. 현실의 네트워크는 '성장'과 '선호적 연결'이라는 두 개의 법칙을 따른다고 가정했을 때 이로부터 허브가 생기고 척도 없는 멱함수의 법칙이 생김을 확인할 수 있다. 또한 현실의 네트워크에서는 내부적 링크 생성, 링크 전환, 노드와 링크의 제거, 노화 등도 고려해야 한다. 그러나 이런 모형에서는 선발주자가 선호적 연결에서 큰 이점을 가지기 때문에 구글처럼 후발주자가 성공한 사례를 설명하기 어렵다.

8장 '아인슈타인의 유산'에서는 적합성이라는 개념을 도입해 후발주자 구글의 성공 사례를 설명한다. 구글은 선발주자가 이점을 갖는다는 척도 없는 모델의 기본 예측에서 어긋나는 사례다. 적합성 모형에서는 각각의 새로운 노드들이 링크할 노드를 정할 때 모든 노드들의 적합도×연결선 수를 비교해 이 값이 높은 쪽으로 선택한다고 가정한다. 이는 네트워크에 '경쟁'을 도입한 것과 같다. 그런데 이 모형에서 노드에 에너지 준위를 부여했더니 네트워크와 양자통계에서의 보즈Bose 기체 사이에 대응 관계가 성립함을 알게 되었다. 즉 노드에 에너지 준위를 대응시키면 링크를 보즈 입자로 볼 수 있다. 이는 작동법칙의 측면에서 네트워크와 보즈 기체가 동일하다는 뜻이다. 그렇다면 양자역학에서의 보즈-아인슈타인 응축도 가능하다. 즉 모든 링크가 하나의 노드로 집중되는 상태가 있을 수 있다. 이는 승자독식의 네트워크가 가능함을 뜻한다. 이때의 네트워크는 별모양의 위상구조를 가지며 멱함수 네트워크와 크게 다르다. 승자독식 네트워크의 대표적인 사례로 컴퓨터 운영체제에서의 마이크로소프트사를 들 수 있다. 한국에서는 카카오톡이나 배달의민족이 이에 해당할 듯하다.

9장 '아킬레스건'에서는 외부 충격에 대한 네트워크의 취약성 또는 견고성을 다룬다. 1996년 미국의 대규모 정전 사태는 상호연결성에 의한 취약성을 부각시킨 사례였다. 자연계 시스템은 대체로 인공물보다 외부 충격에 대해 회복력이 크다. 장애에 대한 저항력이 높은 시스템은 대부분 고도의 상호연결성을 가진 복잡한 네트워크에 의해 시스템 기능이 유지된다. 자연은 상호연결성을 통해 견고성을 확보하고 있다. 무작위 네트워크에서는 어떤 문턱값을 초과하는 장애가 발생하면 네트워크가 허물어지는 그런 임계점이 존재한다.

반면 척도 없는 네트워크에서는 상당부분의 노드를 임의로 제거해도 네트워크가 붕괴되지 않는다. 견고성은 무작위 네트워크와 구별되는 척도 없는 네트워크만의 특성이다. 수많은 작은 노드에서 장애가 발생해도 그것이 네트워크 전체의 마비로 이어지는 일은 극히 드물다. 허브 하나를 제거하더라도 상위 계층의 더 큰 몇몇 노드로 네트워크 통합성을 유지할 수 있기 때문이다. 그러나 큰 허브를 하나씩 없애면 결국 네트워크가 붕괴한다. 즉 척도 없는 네트워크에는 견고성과 취약성이 공존하고 있다. 생태계에서도 임의의 생물종이 소멸되더라도 생태계는 유지되지만 연결도가 높은 생물종이 사라지면 급속하게 파괴된다.

이후 10~14장에서는 바이러스의 확산, 인터넷의 네트워크 구조, 웹의 독특한 위상구조, 유기체의 신진대사 및 단백질 상호작용, 기업 간 네트워크 등의 사례에서 척도 없는 네트워크의 발현과 네트워크적 접근의 중요성을 설명한다. 우리가 IMF를 겪었던 1997년 동아시아 금융사태를 네트워크의 관점에서 연쇄작용으로 파악한 것이 흥미롭다. 15장은 책 전체를 마무리하는 장이다.

이처럼 《링크》에서는 네트워크 과학이 정립되는 여정을 쫓아가는 무협지 같은 이야기가 펼쳐진다. 각 장마다 정말 다양하고 흥미로운 사례들이 풍성하게 등장한다. 사건들 자체도 아주 세부적으로 묘사하고 있어 읽는 재미가 쏠쏠하다. 그러면서도 그 모든 이야기들이 본문의 주제와 톱니바퀴처럼 잘 맞물려 돌아간다. 환원주의적 관점에서 입자물리학을 연구하는 나 같은 물리학자도 새롭고 흥미롭게 배울 수 있는 내용이 많다. 특히 인간 사회와 자연의 복잡한 현상을 네트워크라는 시선으로 새롭게 바라볼 수 있는 계기를 마련해 준다는 점에서 이 책은 일반인들에게도 무척 유익할 것이라 확신한다.

같이 읽으면 좋은 책 《구글 신은 모든 것을 알고 있다》, 정하웅·김동섭·이해웅, 사이언스북스
《관계의 과학》, 김범준, 동아시아
《복잡한 세계 숨겨진 패턴》, 닐 존슨, 바다출판사

23

교양과학책의
영원한 고전

●━ww━●

《코스모스》

Cosmos

칼 에드워드 세이건 Carl Edward Sagan, 1934-1996

1934년 미국 뉴욕 브루클린에서 우크라이나 이민 노동자의 아들로 태어났다. 시카고 대학에서 인문학 학사, 물리학 석사, 천문학 및 천체 물리학 박사학위를 받았고, 스탠퍼드 대학 의과 대학에서 유전학 조교수, 하버드 대학에서 천문학 조교수를 지냈다. 미국 항공 우주국NASA의 자문위원으로 매리너, 보이저, 바이킹, 갈릴레오호 등의 무인 우주 탐사 계획에 참여했다. NASA 공공복지 훈장, NASA 아폴로 공로상, 미국 우주항공협회의 존 F. 케네디 우주항공상, 탐험가협회 75주년 기념상, 소련 우주항공연맹의 콘스탄틴 치올콥스키 훈장, 미국 천문학회 마수르스키상, 그리고 1994년에는 미국 국립과학원의 최고상인 공공복지 훈장 등을 받았다. 1996년 12월 20일에 골수 이형성 증후군으로 시작된 백혈병으로 세상을 떠났다.

대중강연을 하다보면 "읽을 만한 교양과학책 추천해 주세요."라는 요청을 받을 때가 있다. 그때마다 항상 내 머릿속에 영순위로 떠오르는 책이 바로 칼 세이건의《코스모스》다. 이 책의 머리말에는 이 책이 탄생한 비화가 적혀 있다.《코스모스》는 미국의 공

영방송 PBS가 세이건과 함께 1980년 13편의 동명 TV 미니시리즈물을 제작하면서 저술되었다. 시청자들의 "가슴과 머리를 동시에 겨냥하면서, 그들의 귀와 눈에 하나의 충격을 줄 수 있는 내용의 기획물을 만들어보자."라는 취지였다. 3년에 걸친 '코스모스' 프로젝트는 대단히 성공적이어서 책이 나올 당시 방송 프로그램 시청자가 전 세계적으로 1억 4,000만 명에 이르렀다.

> "우리가 살고 있는 이 세상의 본질과 기원에 관한 질문은 그것이 깊은 수준에서 던져진 진지한 물음이라면 반드시 엄청난 수의 지구인들에게 과학에 대한 흥미를 유발할 것이며, 동시에 그들로 하여금 과학에 대한 열정을 불러일으키게 할 것이다."(2006년본 본문 24쪽)

세이건의 이런 기대는 방송 프로그램과 저작 《코스모스》의 대성공으로 이어졌다. 세이건이 이토록 TV 매체를 통해 시청자들에게 '하나의 충격'을 주고자 했던 직접적인 동기는 무엇이었을까? 그 또한 머리말에 소개돼 있다.

1976년 세이건은 화성착륙선 바이킹호의 연구진에 참여하고 있었다. 바이킹1, 2호는 1975년 발사되어 1976년 화성에 착륙한 미국의 화성착륙탐사선이다. 최초의 화성착륙선은 구 소련이 1971년에 발사한 마스3호였다. 마스3호는 화성 표면에 연착

류하는 데 성공했으나 20여 초 만에 통신이 끊겼다. 바이킹호는 두 번째로 화성에 착륙한 탐사선으로 4,500장 이상의 표면 사진을 전송했다.

그러나 당시 미국 신문이나 텔레비전은 바이킹호의 화성 착륙에 냉담했다. 심지어 화성 하늘이 지구와 달리 연분홍색임을 확인하고는, 이 결과를 발표하는 기자회견장에서 기자들이 일제히 야유를 보내기까지 했다고 한다. 세이건은 이 상황을 화성이 지구와 닮기를 바랐던 사람들의 기대가 무너졌고, 그러면서 시청자들의 관심도 화성에서 멀어지게 될 것임을 기자들이 잘 알았기 때문이라고 분석했다. 세이건 같은 천문학자에게는 다른 행성에 착륙선을 보낸 것도 가슴 설레는 일이고, 그로부터 그 행성을 탐색하고 외계생명체나 그 흔적을 조사하는 것도 대단히 흥분되는 일이었을 것이다. 그리고 그것이 결국 지구와 지구에 속한 생명체의 기원, 우주의 기원에도 큰 실마리를 제공해 줄 것이 분명하다고 여겼을 것이다. 하지만 언론이나 대중들은 화성 착륙이 가지는 이런 가치를 몰라주었고, 세이건은 이런 상황이 상당히 섭섭했을 것이다.

《코스모스》를 구성하는 13개의 장은 텔레비전 시리즈의 13개 에피소드와 맞물려 있다. 이런 성격 때문에 《코스모스》 각각의 장은 그 자체만 떼어놓더라도 비교적 독립적으로 완성도가 높다. 게다가 각 장이 다루는 주제 또한 방대하면서도 깊이가 있다.

지구와 지구에 속한 생명체의 기원, 그리고 우주의 기원에 대해

1장 '코스모스의 바닷가에서'는 우리 우주와 은하, 태양계를 개괄한다. 또한 헬레니즘 시대부터 이 세상과 우주를 어떻게 이해해 왔는지 소개한다. 2장 '우주 생명의 푸가'는 지구에서 생명이 탄생하고 진화해 온 과정을 돌아본다. 이를 바탕으로 외계 생명체의 존재 가능성을 추정해 본다. 3장 '지상과 천상의 하모니'에서는 프톨레마이오스의 지구중심설 천체관부터 소개한다. 이후 코페르니쿠스를 거쳐 케플러가 어떻게 태양중심설을 바탕으로 행성운동의 법칙을 찾아냈는지, 그 내용은 무엇인지 자세하게 다룬다. 뉴턴의 업적도 소개돼 있다. 4장 '천국과 지옥'은 혜성과 소행성, 운석 등의 성질과 기원을 추적한다. 또한 금성의 대기와 뜨거운 표면을 다룬다. 5장 '붉은 행성을 위한 블루스'에서는 짐작했겠지만 화성을 집중적으로 다룬다. 화성을 관측하고 실제 탐사선을 보낸 역사, 그리고 머리말에서 언급했던 바이킹호를 통한 탐사 결과들도 소개하고 있다. 6장 '여행자가 들려준 이야기'에서는 1977년 발사된 우주탐사선 보이저1, 2호의 여정을 다룬다. 세이건은 이들의 여정을 유럽의 대항해시대에 견주어 설명한다. 또한 이들이 근접비행하며 관측한 목성과 토성 및 이들 행성의 위성들도 소개하고 있다.

7장 '밤하늘의 등뼈'는 태양계가 속한 우리 은하인 은하수 은

하와 그 속의 별들을 고대 문명에서부터 지금까지 어떻게 관찰하고 이해해 왔는지를 신화와 과학을 넘나들며 펼쳐놓는다. 이오니아 지역의 탈레스부터 이후의 아낙시만드로스Anaximandros, 엠페도클레스, 데모크리토스와 피타고라스, 플라톤과 아리스토텔레스 및 아리스타르코스Aristarchos를 거쳐 17세기의 크리스티안 하위헌스Christiaan Huygens와 18세기의 윌리엄 허셜William Herschel, 그리고 20세기 할로 섀플리Harlow Shapley와 에드윈 허블Edwin Hubble에 이르기까지 수천 년에 걸친 여정을 소개한다. 8장 '시간과 공간을 가르는 여행'에서는 우주에서의 시간과 공간, 그리고 이들에 대한 인식을 혁명적으로 뒤바꾼 상대성이론을 소개한다. 실제 우주를 여행하기 위해서는 어떤 우주선이 필요한지, 우리 은하에 어떤 행성들이 존재할 수 있고 또 어떻게 탐색할 수 있는지 설명한다. 9장 '별들의 삶과 죽음'에서는 별의 탄생과 죽음까지 그 일대기를 다룬다. 우리 인간이 왜 별의 자손인지 자세하게 설명하고 있다. 또한 중성자별과 블랙홀, 웜홀도 다룬다. 10장 '영원의 벼랑 끝'에서는 현대의 표준우주론인 빅뱅우주론을 소개한다. 빅뱅 이후 우주가 진화해 온 여정, 또한 별이 탄생하고 은하 및 은하단이 형성되는 과정도 추적한다. 빅뱅우주론이 제기하는 당대의 미해결 문제들도 제시하고 있다.

11장 '미래로 띄운 편지'에서는 지능과 정보, 뇌를 다루면서 인류 진화의 역사와 문명의 발전을 잠깐 돌아본다. 그 결과로서

20세기의 인류 모습이 보이저1, 2호의 금박 레코드판에 실려 있다. 혹시나 조우할지도 모를 외계 지적생명체에게 우리 존재를 알리기 위한 조치였다. 세이건은 외계 지적생명체 탐색이나 그들과의 조우에 적극적이었다. 보이저호의 레코드판에는 인간 유전자와 뇌, 도서관 정보 등이 담겨 있고 지구의 온갖 소리들(60종의 언어로 된 인사말(한국어도 있다), 여러 문화권의 노래, 혹등고래의 노래, 각종 자연의 소리 등)과 사람들의 모습이 담긴 사진도 수록돼 있다.

사실 세이건은 1972년과 1973년에 발사한 우주탐사선 파이오니어 10호와 11호에도 인간과 지구 및 태양계의 정보를 담은 금판을 부착하는 일을 주도하기도 했다. 그리고 1980년 보이저 1호가 토성을 지날 때, 보이저1호의 카메라를 돌려 지구를 찍자고 제안했다. 이 제안은 10년 가까이 미 항공우주국NASA에서 받아들여지지 않다가 1990년 2월 14일 보이저1호가 태양계를 벗어나기 전에 마침내 카메라를 지구로 돌려 '태양계 가족사진'을 찍을 수 있었다. 보이저1호는 60장의 사진을 찍어 지구로 전송했는데, 지구에서 40.5AU(1AU는 1천문단위로서 지구와 태양 사이의 평균거리에 해당하는 숫자다) 떨어진 곳에서 바라본 지구는 눈을 씻고 찾아봐야 겨우 보일 정도로 티끌만큼 작았다. 세이건은 이 사진 속 지구에 '창백한 푸른 점pale blue dot'이라는 이름을 붙였다. 창백한 푸른 점은 광활한 우주 속에 우리가 얼마나 보잘것없는 존재인지, 대우주의 관점에서 우리는 얼마나 겸손해야 하는지, 그 조그만 돌덩어리 위에 있는 우리가 서로에게 얼마나 소중한 존재인지 말없이 가르쳐주는 놀라운 사진이다.

세이건이 레코드판을 실어 보냈던 보이저1호는 현재 지구에서 가장 멀리 떨어져 있는 인공 물체다. 2012년에는 지구에서 121AU 떨어진 헬리오포즈를 통과해 최초로 태양계를 넘어 성간 우주공간으로 진입했다. 2023년 12월 미 항공우주국은 보이저1호가 더 이상 데이터를 전송할 수 없는 상태라고 발표했다. 무덤 속 세이건도 이 소식에 무척 안타까워했을 것 같다.

12장 '은하 대백과사전'은 있을지도 모르는 외계고등문명을 다룬다. 우리 은하에서 고도문명의 개수를 추정하는 드레이크 방정식도 소개돼 있다. 이들 문명이 존재한다면 우리는 어떻게 이들을 탐색할 수 있는지, 외계고등문명은 어떻게 주변 우주를 '식민지화' 할 수 있는지 세이건의 SF적인 상상과 치밀한 과학적 추론이 흥미롭게 펼쳐진다. 마지막 13장 '누가 우리 지구를 대변해 줄까?'에서는 핵무기라는 대량살상무기에 의한 전쟁 위험과 인류문명의 평화 및 번영에의 열망을 코스모스적인 관점에서 논하고 있다.

《코스모스》가 우리에게 남긴 흔적

간략한 책 내용을 통해서도 알 수 있듯이, 《코스모스》는 말 그대로 코스모스의 모든 것을 담고 있다. 놀랍게도 이 책은 단순히 대상에 대한 지식을 전달하는 데 그치지 않고 그와 관련된 인류 문명사를 함께 접목해서 이야기를 풀어나간다. 그래서《코스모스》는 단순한 지식전달형 교양과학책이 아니라 과거 전설과 신화로부터 현대의 첨단과학, 그리고 새로운 발견들을 촘촘하게 엮어 그 속에서 다시 우리 인간의 존재 의미를 다룬 하나의 흥미로운 이야기책이자 대서사시다. 이로써 우리 호모 사피엔스는 지구라는 행성에 외따로이 존재하며 서로 치고받고 싸워야만 하는 존재가 아니라 광대하고도 장엄한 이 우주에 속하는 가족의 일원임을 확인할 수 있다. 그래서《코스모스》를 읽는 사람들은 코스모스로의 소속감을 느낀다. 원래 나에게는 전혀 가족이라고는 없는 줄 알았는데, 알고 보니 내 주변의 모든 것들, 화성과 혜성과 태양과 머나먼 별들과 은하와 이 우주의 모든 것들이 나의 가족이고 친척이고 조상이었던 셈이다.

나는 사람들이 이 책을 읽고 느끼는 감동의 본질이 이 소속감이라고 생각한다. 우주를 표현하는 다른 여러 단어 중에 코스모스를 고른 것은 그 속에서 모든 것의 조화와 질서를 강조하기 위함이 아닐까?

《코스모스》라는 대서사시는 세이건의 다방면에 걸친 해박한 지식이 없었으면 불가능했을 것이다. 그는 인문학으로 학사를, 물리학으로 석사를, 천문학 · 천체물리학으로 박사를 받았다.

스탠퍼드 대학 의과대학에서는 조교수로 유전학을 가르친 이력도 있다. 이후 하버드 대학을 거쳐 코넬 대학에서 30여 년을 보냈다. 이렇듯 분야를 넘나드는 방대한 지적 토대가《코스모스》 * 같은 명저를 탄생시킨 배경이 아니었을까 싶다.

《코스모스》는 1980년에 출간되었고 세이건은 1996년에 사망했기 때문에 1990년대 이후에 인류가 일궈낸 놀라운 과학적 성취는 이 책 안에 담겨 있지 않다. 패스파인더와 소저너, 스피릿과 오퍼튜니티, 피닉스, 큐리오시티, 퍼서비어런스, 주룽 등 수많은 탐사선들이 화성을 방문했고 주노(목성)와 카시니-하위헌스(토성) 같은 행성탐사선도 뒤를 이었다. 1990년에는 허블우주망원경이 우주로 올라갔고 지금은 제임스웹우주망원경이 그보다 훨씬 더 먼 거리에서 심우주를 탐색하고 있다.

한편 COBE, WMAP, PLANCK 같은 우주탐사선은 빅뱅의 화석이라 불리는 우주배경복사Cosmic Microwave Background Radiation, CMBR를 관측해 이전과는 비교할 수 없을 정도로 우주에 관한 정밀한 자료를 가져다주었다. 특히 21세기에 관측한 WMPA과 PLANCK 덕분에 우주론 분야는 이른바 정밀과학의 시대로 진입할 수 있었다. 예를 들어 1990년대까지 우주의 나이조차 큰 오차로 추정했던 것이 이제는 138억 년임을 수천만 년의 오차 내에서 확인할 수 있게 되었다. 1998년에는 과학자들의 예상을 뒤엎고 우주의 팽창이 점점 더 빨라진다는 가속팽창현상을 발견해 우주의 미래에 대한 궁금증도 어느 정도 해결되었다.

물론 우주를 더 많이 알수록 모르는 것들도 더 많아지고 있다. 그만큼 우리의 코스모스에는 새로운 발견을 기다리는 미지의 세계가 여전히 널려 있음을, 21세기의 코스모스에는 채워 나가야 할 지면이 훨씬 많음을 알 수 있다. 그 여정 속에서 우리는 우리가 누구이고 어디에서 왔는지, 이 코스모스가 우리에게 어떤 의미인지 더욱 더 잘 알게 될 것이다.

⚡ 같이 읽으면 좋은 책 《에덴의 용》, 칼 세이건, 사이언스북스

《칼 세이건》, 윌리엄 파운드스톤, 동녘사이언스

《코스믹 커넥션》, 칼 세이건, 사이언스북스

24

초일류 과학자가 들려주는
우주 삼라만상 모든 것의 이야기

《시간의 역사》

A brief history of time

스티븐 호킹 Stephen Hawking, 1942~2018

영국의 이론물리학자. 옥스퍼드 대학과 케임브리지 대학에서 공부한 호킹은 대학에서 조정 선수로 활동할 정도로 건강했으나, 케임브리지 대학에서 계단을 내려가던 중 중심을 못 잡고 쓰러진 뒤 루게릭병을 진단받았다. 앞으로 2년밖에 못 산다는 시한부를 선고받았음에도 불구하고 연구를 지속했으나, 병세가 악화되어 기관지 절제 수술을 받은 뒤 얼굴의 움직임을 이용해 문장을 만들어 말로 전달하는 음성합성기를 사용해 의사소통을 했다. 그런 신체적 한계를 극복하고 블랙홀이 있는 상황에서의 우주론과 양자중력 연구에 크게 기여했다. 2018년 3월 14일 세상을 떠났다.

《시간의 역사》는 가장 유명한 대중과학서이면서(전 세계적으로 2,500만 부 이상 판매되었다) 가장 덜 읽힌 책이기도 하다. 이 때문에 '호킹지수Hawking index'라는 말도 생겼다. 호킹지수란 미국의 수학자 조던 앨런버그Jordan Ellenberg가 2014년 〈월스트리트 저널〉 블로그에 투고한 글에서 도입한 지수로, 책 읽기를 포기할 때까지 얼마나 많이 읽었는지를 수치화한 지표다.[20] 당시《시간의 역사》의 호킹지수는 6.6%였다. 즉 이 책을 읽은 사람은 평균적으로 전체의 6.6%까지만 읽었다는 얘기다. 책 전체를 통틀어 수식이라고는 그 유명한 $E=mc^2$ 밖에 없지만, 책의 전반적인 내용은 대단히 전문적이고 어렵다. 그럼에도 전체 분량이 그리 많지 않아서 문장 하나하나에 엑기스만 담아서 쓴 책이다. 정말 군더더기가 하나도 없으면서 가장 정확한 표현을 골라서 썼다는 느낌이다. 어떤 문장은 그 의미를 제대로 이해하고 음미하려면 적어도 대학원 이상의 지식이 필요하기도 하다. 그나마 개정판에는 수많은 그림이 곳곳에 들어가 있어 본문의 내용을 보다 시각적으로 더 잘 이해할 수 있도록 도와주고 있다.

우주의 본질을 파헤치는 호킹의 시선

《시간의 역사》는 1988년에 처음 출간되었고 1996년에 그동안의 새로운 성과들과 내용, 그림과 사진들을 보강한 개정증보판이《그림으로 보는 시간의 역사》로 출간되었다. 제목이 '시간의 역사'인 것도 잠깐 생각해 볼 만하다. 역사라는 말에는 시간의 개념이 포함돼 있다. 따라서 '시간의 역사'라는 말에는 시간 자체에 대한 메타인지적 속성이 내포돼 있다. '시간 자체에도 역사

---

20 Ellenberg, Jordan (July 3, 2014). "The Summer's Most Unread Book Is⋯". The Wall Street Journal. Retrieved January 1, 2020

가 있을까?'라고 생각해 보면 시간의 역사를 따지는 문제가 간단치 않음을 알 수 있다. 생각의 지평을 조금 넓혀, 우리 주변에 원래부터 너무나 당연하게 존재해 왔던 시간과 공간도 이 우주의 탄생과 함께 생겨났다면, 즉 빅뱅과 함께 시간과 공간이 생겨났다고 생각해 보면 시간의 역사를 따지는 것이 결국엔 우주의 역사와 진화를 추적하는 과정임을 짐작할 수 있다.

아마도 그런 까닭에 호킹은 《시간의 역사》 첫 장을 '우리의 우주상'으로 시작하는 게 아닐까 싶다. 1장은 말하자면 책 전체의 주제를 개괄하는 내용이다. 고대부터 20세기에 이르기까지 인류는 우주를 어떻게 생각해 왔고, 또 어떻게 이해해 왔는지를 먼저 살펴본다. 아리스토텔레스부터 코페르니쿠스와 케플러, 갈릴레이, 뉴턴에 이르기까지 수천 년에 걸쳐 인류가 천체를 이해해 온 방식이 극적으로 바뀌었지만 한 가지 크게 변하지 않은 것은 우주가 영원불멸의 모습이라는 심상이었다. 영원불멸의 우주는 20세기 초 아인슈타인에게도 이어졌다. 그러나 1929년 허블이 팽창하는 우주를 발견하고 빅뱅우주론이 탄력을 받게 되자 상황은 달라졌다. 빅뱅이 우주의 기원이라면 그와 함께 시간도 탄생했을 것이기 때문이다.

한편 우리가 우주를 과학적으로 이해하려면 우리에게 적절한 과학 이론이 필요하다. 현대과학을 떠받치는 두 이론은 상대성이론과 양자역학이다. 상대성이론 중에서도 일반상대성이론은 거시세계에 적용되는 중력이론이다. 반면 양자역학은 원자 이하의 세계를 지배하는 근본이론이다. 안타깝게도 이 두 이론은 궁합이 잘 맞지 않는다. 호킹은 직접 이 책의 기본 주제가 "두 이론을 하나로 통합시킬 새로운 이론-양자중력이론-에 대한 탐색"이라고 명시하고 있다. 2024년 현재 아직까지도 만족할 만한 양자중력이론은 존재하지 않는다. 호킹의 말마따나 "과학의 궁극적인 목적인 우주 전체를 기술하는 단일한 이론을 만드는 것이다." 호킹은 이런 이론을 '완전한 통일이론'이라 불렀다. 그러니까 시간의 역사를 추적하는 과정은 우주에 대한 완전한 통일이론으로 우리 우주를 완전하게 기술하는 것에 다름 아니다.

이어지는 장에서는 1장에서 던진 화두를 하나씩 풀어나간다. 2장 '시간과 공간'에서는 고대부터 현대까지 시간과 공간에 대한 인식이 어떻게 바뀌어왔는지를 살펴본다. 상대성이론은 시간과 공간에 대한 인간의 인식을 완전히 뒤집었다. 여기서는 시간과 공간이 동역학적인 양들이기 때문이다. 3장 '팽창하는 우주'에서는 20세기의 가장 위대한 발견 중 하나인 우주의 팽창을 다룬다. 우주가 팽창한다는 사실은 우주가 더 이상 영원불멸이 아니라는 얘기이며 우주에도 '태초'가 있었음을 시사한다. 한편 3장에서는 호킹이 로저 펜로즈Roger Penrose와 함께 연구했던 이른바 특이점 정리도 소개돼 있다. 4장 '불확정성 원리'에서는 양자역학을 다룬다. 우주의 시간을 거슬러 올라가면 매우 좁은 시공간의 영역에 우주의 모든 것이 다 포함돼 있던 순간이 있었을 텐데, 이때는 미시세계를 지배하는 규칙인 양자역학이 필요하다.

5장 '소립자와 자연의 힘들'에서는 이 우주를 구성하는 가장 기본적인 단위들을 다룬다. 우리 우주는 원자로 이루어져 있고 원자 속에는 원자핵과 전자가 있다. 원자핵은 양성자와 중성자가 구성하고 있는데, 이들은 다시 쿼크들로 이루어져 있다. 현재 우리가 알기로 총 6종의 쿼크가 존재한다. 또한 전자와 비슷한 성질을 가진 형제 입자가 둘 더 있고, 이들 전자 3형제에게는 각각 중성미자라는 짝이 있다. 쿼크에 대비되는 이 6개의 입자를 경입자라 한다. 이들은 직접 물질을 구성하는 입자들이다. 한편 우리 우주에는 네 개의 근본적인 힘이 있다. 중력과 전자기력은 오래전부터 알려진 힘이다. 약한 핵력과 강한 핵력은 20세기 이후 원자 이하의 세계를 탐색하면서 알게 된 힘이다. 이들 힘은 각 힘을 매개하는 입자들의 교환으로 이해할 수 있다.

'우주는 왜 존재하는가'라는
근원적인 물음에 대한 답을 찾아

6장과 7장은 블랙홀과 그 특성을 설명한다. 블랙홀은 중력이 너무나 강력해 빛조차도 빠져나갈 수 없는 시공간의 영역을 말한다. 그 경계면을 사건의 지평선이라 부른다. 사실 호킹의 가장 위대한 업적 중 하나가 블랙홀과 관련된 것이다. 호킹은 1974

년 사건의 지평선 근처에 양자역학의 원리를 적용해 블랙홀이 입자를 방출할 것이라고 예측했다. 이를 호킹복사라 한다. 사건의 지평선 근처에서 양자역학이 허락하는 범위 안에서 순간적으로 가상의 입자와 반입자가 쌍으로 생성될 수 있다. 이때 하나의 입자가 블랙홀 속으로 빠져들고 다른 하나가 블랙홀에서 멀어진다면, 이는 결국 블랙홀이 입자를 방출하는 것과도 같다. 이때 블랙홀의 중력에 포섭돼 그 속으로 빠져드는 입자는 상대적으로 음의 에너지를 가진 입자일 것이므로(속박된 상태의 입자는 음의 에너지를 가진다) 이 과정에서 블랙홀은 결국 에너지를 잃으면서 점점 더 작아진다. 이 과정이 반복되면 블랙홀은 마침내 증발하고 말 것이다.

호킹은 이처럼 블랙홀이 호킹복사로 증발하는 과정을 통해 블랙홀 속의 정보가 모두 사라질 것이라 주장했다. 이는 양자역학의 교리와 맞지 않는다. 호킹이 주장한 블랙홀에서의 정보 상실 문제를 '정보 모순'이라 한다. 호킹은 정보 모순 논쟁을 불러일으킨 장본인이었다. 이 논쟁은 이후 30여 년 지속되었다.

8장 '우주의 기원과 운명'에서는 보다 구체적으로 빅뱅 직후 지금까지 우주가 진화해 온 역사를 살펴본다. 빅뱅 직후에 있었을 것으로 추정되는 이른바 급팽창 현상도 심도 있게 다룬다. 또한 자신이 제안했던 우리 우주의 '무경계조건'도 소개하고 있다. 9장 '시간의 화살'에서는 시간이 한쪽 방향으로만 흐르는 현상을 다룬다. 여기서 호킹은 열역학적 시간의 화살, 심리적 시간의 화살, 우주론적 시간의 화살 등 세 가지 시간의 화살을 소개한다.

열역학적 화살이란 열역학 제2법칙에 따른 시간의 화살이다. 열역학 제2법칙이란 고립된 계의 엔트로피가 결코 감소하지 않는다는 법칙이다. 엔트로피란 어떤 물리계의 무질서한 정도를 나타낸다. 즉 시간은 무질서도가 증가하는 방향으로 흐른다. 앞서 소개했듯이 비빔밥은 처음 나올 때 각종 나물과 고기와 달걀과 고추장이 뚜렷이 구분된 채로 나온다. 이 상태는 무질서도가 상당히 낮으므로(굉장히 질서정연한 상태니까) 엔트로피가 낮다. 이제 이걸 숟가락으로 충분히 비비면 모든 재료들이 골고루 뒤섞인다. 이때는 무질서도가 증가한다. 그러나 그 이후로 아무리 비빔밥을 비비더라도 나물과 고기와 달걀과 고추장이 완전히 분리된 질서정연한 상태로 돌아가지는 않는다. 이것이 열역학 제2법칙이다. 이 법칙은 자연현상에 일종의 방향성이 있음을 암시한다. 그 방향이 바로 시간의 방향인 셈이다. 심리적 시간의 화살은 우리가 미래가 아닌 과거를 기억하는 시간의 방향이다. 호킹은 9장에서 심리적 시간의 화살이 본질적으로 열역학적 시간의 화살과 동일함을 논증한다. 마지막으로 우주론적 시간의 화살은 우주가 계속 팽창하는 방향으로의 화살이다. 이 셋은 모두 같은 방향을 가리킨다. 즉 우주가 팽창하면서 엔트로피는 커진다.

10장의 제목은 흥미롭게도 '벌레구멍(웜홀)과 시간여행'이다. 일반상대성이론에서는 시공간의 두 영역을 고속도로처럼 연결하는 일종의 '다리'가 수학적으로 존재할 수 있다. 이는 1935년 아인슈타인과 네이선 로젠의 이름을 따서 아인슈타인-로젠 다리라 부른다. 지금은 웜홀wormhole로 더 잘 알려져 있다. 이 장에서 호킹은 웜홀을 통한 시간여행의 가능성을 논한다.

11장 '물리학의 통일'에서는 완전한 통일이론에 대한 전망을 제시한다. 통일이론은 일단 양자역학과 일반상대성이론 사이의 갈등을 해결해야만 한다. 그중의 하나로 호킹은 끈이론을 비중 있게 소개한다. 통일이론에 대한 호킹의 입장은 약간 미묘하다. 11장에서 호킹은 아예 그런 통일이론이 존재하지 않는 허상일 뿐이거나 여러 이론의 무한한 연속일 가능성을 배제하지는 않지만, 대체로 통일이론이 존재할 것이며 언젠가는 그에 이르게 될 것이라는 희망을 가지는 뉘앙스로 기술하고 있다. "그렇게 되면 우주를 이해하기 위해서 벌인 인류의 지적 투쟁의 역사에서 길고도 영광스러운 하나의 장이 종말을 고할 것이다."

어쩌면 이것은 뉴턴 이래로 궁극적으로 보편적인 법칙을 추구해 온 모든 과학자들의 어쩔 수 없는 로망이지 않을까 싶다. 그런데 호킹은 2010년에 출간한 《위대한 설계The Grand Design》에서 통일이론에 대해 부정적인 입장으로 돌아선다. 거기서 호킹은 다중우주의 패러다임을 적극 수용해 다양한 가능성으로서의 수많은 우주가 존재할 뿐이어서 자연법칙들 또한 내적 일관성을 유지한다면 어떤 형태도 취할 수 있을 것으로 여긴다. 그 결과 호킹은 물리 이론의 목표에 대한 생각조차 바꿔야 할지도 모르는, 과학사의 전환점에 도달한 것으로 평가했다. 아마도 이것은 20세기 호킹과 21세기 호킹의 차이점이 아닐까 싶다.

마지막으로 12장 '결론'에서 호킹은 '이 우주가 왜 존재하는가, 우주가 굳이 존재해야 할 이유는 무엇인가, 통일이론은 스스로를 탄생하게 할 만큼 불가피한가'라는 가장 근본적이고 심오한 질문을 던진다. 그 물음에 대한 답을 찾게 된다면 "그때에야 비로소 우리는 신의 마음을 알게 될 것"이라고 매듭짓는다. 물론 여기서 말하는 신이란 신앙의 대상으로서의 신이라기보다 자연의 궁극적인 법칙에 대한 대유적 성격이 강한 존재다.

호킹의 이런 결론을 염두에 둔다면 《시간의 역사》는 우주가 왜 존재하는지, 신의 마음은 도대체 무엇인지를 파헤쳐 나가는 인류의 기나긴 여정을 풀어 놓은 대서사시라고 할 수 있다.

같이 읽으면 좋은 책 《블랙홀 전쟁》, 레너드 서스킨드, 사이언스북스
《스티븐 호킹의 블랙홀》, 스티븐 호킹, 동아시아
《위대한 설계》, 스티븐 호킹·레오나르드 믈로디노프, 까치
《최종이론의 꿈》, 스티븐 와인버그, 사이언스북스

(((**25**)))

한 권으로 읽는
빅뱅우주론의 과거와 현재

●━MW━●

《우주의 기원 빅뱅》

The Origin of the Universe BIGBANG

사이먼 싱 Simon singh, 1964~
영국의 대중적인 과학 작가이자 이론 및 입자물리학자. 인도 펀자브 근처 서머싯에서
태어나 런던 왕립대학에서 물리학을 공부하고 케임브리지 대학에서 물리학으로 박사
학위를 받았다. BBC 프로듀서였던 그는 The BAFTA Award를 수상한 다큐멘터리 프
로그램 <페르마의 마지막 정리>를 연출 및 공동 제작했고, 같은 제목의 책으로도 출
간했다.

《우주의 기원 빅뱅》을 한마디로 소개하자면, 한 권으로 읽는 현
대우주론 책이라 할 수 있다. 보다 엄밀히 말하자면, 현대우주론
이 성립되는 과정을 고대부터 역사적으로 추적해 일목요연하게
잘 정리한 책이다. 이 책을 읽다보면 고대부터 현대까지 인간이
어떻게 우주를 이해해 왔는지 큰 그림을 그릴 수 있게 된다. 각

장의 마지막에 그 장의 내용을 요약해서 정리한 노트가 그림과 함께 딸려 있는 것도 흥미롭다. 본문을 잘 읽은 사람이라면 나중에 이 노트만 보더라도 본문의 많은 내용들이 머릿속에서 되살아날 것이다. 관심 있는 분야의 책을 읽으면서 공부하려고 할 때, 이런 식으로 노트를 정리해 보는 것도 큰 도움이 되리라 확신한다. 노트를 정리하다 보면 내가 무엇을 잘 이해했고 무엇을 이해하지 못했는지, 무엇을 아예 알지조차 못하는지가 명확하게 드러나기 때문이다. 이 책을 읽으면서 자신만의 노트를 정리하고 그것을 저자의 노트와 비교해 보는 것도 재미있을 것이다.

빅뱅우주론이 표준우주론으로
자리 잡기까지의 여정

책 제목이 '우주의 기원 빅뱅'이기는 하지만 이 책은 빅뱅우주론을 상세하게 서술하는 책이라기보다 빅뱅우주론이 어떻게 20세기의 표준우주론으로 자리 잡게 됐는지 그 여정을 상세하게 보여준다. 비전공자들도 빅뱅이라는 말은 많이 들어봤을 것이고 그것이 지금의 표준우주론이라고 알고 있겠지만, 그 역사가 생각보다 그리 길지 않다는 사실을 아는 사람은 많지 않다. 특히 '빅뱅'이라는 말이 우주론에 처음 쓰이게 된 것이 아직 100년도 되지 않았다.

잠시 시계를 되돌려 지금부터 100년 전에 과학자들이 우리 우주를 어떻게 보고 있었는지부터 살펴보자. 깜짝 놀랄 일들이 많다. 1920년 미국에서 있었던 이른바 '대논쟁'은 우리의 은하수은하가 우주의 전체인가 아닌가, 안드로메다 같은 나선형 성운이 우리 은하에 속해 있는가, 아니면 독립된 은하인가를 둘러싸고 진행되었다. 안드로메다는 밤하늘에서 맨눈으로도 관측할 수 있기 때문에 오래전 고대부터 인류에 익숙한 천체였다.

이 논쟁을 끝낸 것은 1924년 안드로메다에 속한 세페이드 변광성을 발견한 미국의 천문학자 에드윈 허블이었다. 세페이드 변광성은 주기적으로 밝기가 변하는데 이 성질을 이용하면 그 별까지의 거리를 측정할 수 있다. 당시 허블이 측정한 안드로메다까지의 거리는 지금 알려진 거리보다 훨씬 가까웠지만, 우리 은하의 크기보다 몇 배는 더 컸다. 이로써 안드로메다는 '성운'이 아니라 당당하게 '은하'의 지위를 획득할 수 있었다. 그러니까 안드로메다가 은하의 지위를 가진 건 겨우 100년밖에 되지 않았다.

대논쟁을 종식시킨 허블은 1929년 외계은하들의 움직임을 관측해 우주가 팽창한다는 사실을 밝혀냈다. 팽창하는 우주는 우리 우주의 가장 중요하고도 기본이 되는 특성이다. 이는 또한 빅뱅우주론의 강력한 근거이기도 하다. 팽창하는 우주를 발견한 것 또한 아직 100년도 되지 않은 사건이다. 이 내용들이 3장 '대논쟁'에 자세하게 담겨 있다.

1장 '시작'은 역시나 기원전 6세기 고대 그리스부터 시작한다. 자연과학이 이 무렵 시작됐다고 보는 이유는 우주를 포함한 자연현상을 신화와 전설로부터 탈피해 자연의 요소들로 설명하기 시작했기 때문이다. 이후 헬레니즘 시대의 천문학자들은 지구와 달과 태양의 크기, 지구에서 달과 태양까지의 거리 등을 추정할 수 있었다. 일부 선각자들이 태양중심설을 주장했으나 다수는 지구중심설을 받아들였고 이것이 이후 프톨레마이오스의 지구중심적 천체관으로 정립되었다. 이것을 무너뜨린 것이 16세기의 코페르니쿠스였다. 코페르니쿠스는 프톨레마이오스 체계에서 지구와 태양의 위치만 바꾸었다. 후대의 케플러는 브라헤가 남긴 자료를 바탕으로 행성 운동의 세 법칙을 발견하는 개가를 올렸다. 케플러와 동시대를 살았던 갈릴레이는 손수 제작한 망원경으로 밤하늘의 달과 목성의 위성, 태양의 흑점, 금성의 상 변화 등을 관측했다. 이는 모두 태양중심설을 강력하게 지지하는 견괴였다. 이들의 노력은 전문학의 혁명을 일으켰고 근대 과학을 확립한 과학혁명의 견인차 역할을 했다. 그러나 20세기가 시작될 때까지 과학적인 이론에 근거한 우주에 관한 이론은 존재하지 않았다. 당대의 다수 과학자들은 우주가 영원불멸이라는 신념에 빠져 있었다.

이런 상황은 2장 '우주에 대한 이론들'에서 바뀌기 시작한다. 아인슈타인의 상대성이론이 등장했기 때문이다. 19세기까지 과학자들은 빛이라는 파동을 매개하는 물질인 에테르가 전 우주를 가득 채우고 있을 것이라 생각했다. 그러나 마이컬슨-몰리 등의 실험에서 에테르가 전혀 검출되지 않았다. 아인슈타인은 1905년 에테르의 존재가 전혀 필요 없는 새로운 상대성이론, 즉 특수상대성이론을 제시했다. 이는 상대적인 운동을 하는 좌표계들 사이의 관계에 관한 이론으로 시간과 공간의 절대성을 무너뜨렸다. 아인슈타인은 나아가 10년 뒤 이를 일반화시킨 일반상대성이론을 완성했다. 일반상대성이론은 현대화된 중력이론으로서, 중력의 본질을 시공간의 기하로 이해한다.

아인슈타인은 자신의 새로운 중력이론을 우주 전체에 적용해 과학적인 이론으로 우주를 이해하기 시작했다. 그러나 영원불멸의 우주를 신봉했던 아인슈타인은 그런 우주를 만들기 위해 자신의 방정식에 우주상수라는 새로운 항을 임의로 추가했다. 당대의 러시아 물리학자 알렉산드르 프리드만Alexander Friedmann과 벨기에의 천문학자 조르주 르메트르Georges Lemaître는 일반상대성이론을 이용해 동적으로 진화하는 우주모형을 얻었다. 특히 르메트르는 우주가 원시원자라 부르는 상태에서 계속 팽창하는 우주론을 제시했다. 이것이 빅뱅우주론의 시초다.

우주가 팽창한다는 사실을 발견했지만 빅뱅우주론이 곧바로 주류 우주론으로 자리 잡은 것은 아니었다. 4장 '우주의 외톨이'에서는 빅뱅우주론이 정당성을 획득해 나가면서 다른 대안의 이론들과 경쟁하는 과정을 그렸다. 여기서 핵물리학이 중요한 수단으로 등장한다. 원자와 원자핵에 대해 더 잘 알게 되면서 과학자들은 별이 핵융합 과정을 통해 빛을 낸다는 사실을 알아냈다. 그러나 별이 핵융합 과정을 통해 만드는 헬륨의 양은 우주에 존재하는 헬륨의 양을 설명하기에는 턱없이 부족했다. 1940년대에 조지 가모George Gamow, 랠프 앨퍼Ralph Alpher, 로버트 허먼Robert Herman 등은 빅뱅 직후 초기 우주의 고온 고밀도의 상황에서 핵자들이 핵반응으로 헬륨 원자핵을 충분히 생성할 수 있음을 보였다. 이것이 빅뱅핵합성이다. 얼마지 않아 앨퍼와 허먼은 빅뱅 직후의 플라즈마 상태에 갇혀 있다가 빠져나온 빛이 존재할 것으로 예측했다. 이를 우주배경복사라 한다. 우주배경복사는 빅뱅우주론의 화석과도 같은 존재다. 같은 1940년대에 프레드 호일Fred Hoyle 등은 빅뱅우주론과 경쟁하는 이론인 정상상태우주론을 제시했다. 이 우주론에서는 우주가 계속 팽창하고 있지만 그 사이에서 새로운 물질이 계속 만들어져 우주는 항상 정상 상태를 유지하고 있었다. 호일은 빅뱅이론을 경멸하는 의미에서 '빅뱅big bang'이라는 이름을 지어준 사람이다.

5장 '패러다임의 전환'에서는 마침내 빅뱅우주론이 최종적으로 승리를 거두는 과정이 그려진다. 가장 결정적인 증거는 우주배경복사였다. 정상상태우주론에서는 플라즈마 상태에 갇혀 있다가 해방된 빛의 존재가 필요하지 않았다. 1964년 미국 벨연구소의 아르노 펜지어스Arno Penzias와 로버트 윌슨Robert Wilson이 우연히 우주배경복사를 발견했다. 호킹은 우주배경복사의 발견을 두고 정상상태우주론의 관 뚜껑에 못을 박았다고 표현했다. 그러니까 빅뱅우주론이 주류 우주론으로 완전히 자리 잡은 것은 겨우 60년 정도밖에 안 된다.

자, 그렇다면 모든 것이 빅뱅우주론의 승리로 해피엔딩인 것일까?

우리가 우주를 이해해야 하는 이유

이 책은 2005년에 출판되었기 때문에 21세기 이후에 알려진 사실들을 많이 담고 있지는 않다. 새롭게 제기된 빅뱅우주론의 난점들도 마찬가지다. 예컨대 21세기에 접어들면서 우주가 팽창하는 정도를 나타내는 중요 지표인 허블상수를 비롯해 다른 많은 변수들을 매우 정확하게 측정할 수 있었고, 그 결과 우리는 우주의 나이도 아주 정밀한 수준에서(0.3% 수준의 오차범위 이내에서) 알아낼 수 있게 되었다. 그러나 다른 관측 결과들이 쌓이면서, 예컨대 서로 다른 방법으로 허블상수를 관측한 값들 사이에 비교적 큰 차이가 나기 시작했다. 게다가 여전히 우주를 가득 채우고 있는 암흑물질과 암흑에너지(이들에 대한 자세한 내용은 《날마다 천체물리》장을 볼 것) 정체는 오리무중이다. 이들 수수께끼를 푸는 것이 21세기 우주론의 가장 시급한 과제다.

인류가 우주 자체를 과학적 이론에 근거해 이해하기 시작한 것은 아인슈타인의 일반상대성이론이 나온 뒤부터였다. 그러니까 현대적인 과학 이론으로서의 우주론의 역사는 겨우 100년 남짓이다. 물론 100년은 짧지 않은 세월이다. 그러나 이 책이 다루는 시간의 척도는 최소 수백 년이다. 우주의 나이는 무려 138억 년이다. 우주적인 규모에서 보자면 100년은 순간에 가까운 시간이다. 호모 사피엔스가 이 우주의 광활함에 비하면 참으로 보잘것없는 존재이긴 하지만 그렇게 짧은 시간 동안 우주에 대해서 이만큼 알게 된 것도 참으로 기특한 일이다. 스티븐 호킹의 말마따나 우리는 그저 평범한 행성에 사는 조금 고등한 원숭이일 뿐이지만 우리는 우주를 이해할 수 있기 때문에 특별하다. 호킹의 기준으로 보자면 우리가 진정한 호모 사피엔스로 거듭나기 위해서는 우주를 이해할 수 있어야 한다. 바로 그 길을 안내해 줄 첫 책으로 《우주의 기원 빅뱅》은 가장 훌륭한 선택이 될 것이다.

⚡ **같이 읽으면 좋은 책** 《무로부터의 우주》, 로렌스 크라우스, 승산
《오리진》, 닐 디그래스 타이슨·도널드 골드스미스, 사이언스북스
《우주, 시공간과 물질》, 김항배, 컬처룩
《태초 그 이전》, 마틴 리스, 해나무
《끝없는 우주》, 닐 투록, 살림출판사

인간을 겸손하게 만드는
우주로의 여정

《날마다 천체물리》

Astrophysics for people in a hurry

닐 디그래스 타이슨 Neil deGrasse Tyson, 1958~
세계적인 천체물리학자이자 과학 커뮤니케이터. 1958년 뉴욕에서 태어나 브롱크스 과학고등학교를 졸업하고 하버드 대학에서 물리학을 공부했으며, 컬럼비아 대학에서 천체물리학 박사학위를 받았다. 미국 우주산업과 탐사와 관련된 여러 위원회에도 활발히 참여해 2004년에는 NASA 특별공로상을 받았다. 그 밖에도 2015년 미국 국립과학원NAS가 수여하는 공공복지 메달, 행성협회The Planetary Society가 수여하는 코스모스상, 2017년 스티븐 호킹 메달 등을 받았다.

《날마다 천체물리》는 비교적 최근인 2017년에 출판되었고 그해에 미국 아마존 올해의 책에 선정되었다. 출간 6개월 만에 미국에서 110만 부가 판매된 베스트셀러로, 21세기의 첫 천문학 밀리언셀러다. 이 책은 타이슨이 1995년부터 2005년까지 〈자연사Natural History〉라는 잡지의 '우주'라는 칼럼에 쓴 에세이의 일부를 편집해 출간한 것이다.

'칼 세이건의 후계자'로 평가받는 타이슨은 미국 자연사박물관 부설 헤이든 천체투영관 관장을 역임하고 있다. 2014년에는 미국 폭스 TV에서 리메이크한 TV시리즈물 〈코스모스〉의 새로운 진행자로 나서기도 했다.

타이슨은 명왕성의 행성 지위를 박탈하는 데 앞장선 것으로도 유명하다. 2000년 2월 미 자연사박물관은 헤이든 천체투영관을 포함해 지구 및 우주 로즈센터를 개장할 때 파격적인 방식으로 태양계를 전시했다. 즉 태양계 행성들을 지구형 암석행성과 거대기체행성으로 나눠 분류해 전시했는데 명왕성은 행성에서 빠져 있었다. 이때 타이슨은 로즈센터 과학위원회 위원장이었다. 당시에는 학계에서도 명왕성의 지위를 놓고 갑론을박이 계속되고 있었다. 명왕성은 그때까지 태양계의 아홉 행성 중 유일하게 미국인 클라이드 톰보Clyde Tombaugh가 발견한 행성이어서 명왕성에 대한 미국인들의 애착은 남달랐다. 이 전시 이후 1년쯤 지난 뒤인 이듬해 〈뉴욕 타임스〉가 1면에 로즈센터가 명왕성의 행성 지위를 박탈했다는 기사를 실었다. 이를 계기로 로즈센터와 타이슨은 수많은 대중들의 비난을 받았다. 그로부터 5년 뒤인 2006년 8월 국제천문연맹International Astronomical Union, IAU 총회에서 공식적으로 명왕성은 보통의 행성이 아니라 '왜소행성'으로 분류되었다.

《날마다 천체물리》의 원제는 'Astrophysics for people in a hurry'로, 우리말로는 '바쁜 사람들을 위한 천체물리' 정도로 옮길 수 있다. '책을 시작하며'에서 타이슨은 어떤 의도로 이 책을 썼는지 명확히 밝히고 있다.

"우주의 속 깊은 이야기를 자신의 가슴에 담기 위해 과학 강의를 듣거나 교과서를 '열공'하거나 과학 다큐멘터리에 정신을 쏟아붓기에는 당신의 일상이 너무 바쁘게 돌아갈 것이다."(본문 8쪽)

그럼에도 천체물리학의 최전선에서 벌어지는 핵심적인 사항들을 알고 싶은 사람들을 위한 책이 바로 이 책이다. 그래서 이 책은 분량도 많은 편이 아니다. 그러나 그 많지 않은 분량 속에 알찬 내용을 꽉 채워 넣었다. 특히 최근의 과학적 성취들도 잘 소개돼 있다.

140억 년에 이르는
우주의 역사를 한눈에

1장 '인류 역사상 가장 위대한 이야기'에서는 우주를 이해하는 지금 우리의 한계부터 확인하고 있다. 현대물리학의 두 기둥인 상대성이론, 그중에서도 중력현상을 설명하는 일반상대성이론과 양자역학이 불협화음을 일으키고 있다. 양자역학은 미시세계를 지배하는 원리여서 거시적인 우주에서 일어나는 현상들과 직접적인 관련은 없지만 빅뱅 직후 우주가 극도로 작았을 때는 얘기가 달라진다. 이 시기를 플랑크 시기라 하며 빅뱅 직후 10^{-43}초 정도까지의 시간에 해당한다. 그 이후 우주 진화의 여정을 "우주의 나이가 10^{-12}초에 이르다." "우주의 나이가 10^{-6}초가 된다." "이제 우주의 나이가 1초가 된다." "이러는 와중에 우주의 나이가 2분이 된다."는 식으로 나누어 설명하는 방식이 흥미롭다. 1장만 잘 읽어도 대략 140억 년에 이르는 우주의 역사를 한눈에 파악할 수 있다.

2장 '하늘에서와 같이 땅에서도'에서는 과학에서의 보편법칙의 중요성을 설파한다. 대표적인 사례가 뉴턴의 만유인력의 법칙이다. 물리법칙의 우주적 보편성 때문에 우리는 '하늘에서와 같이 땅에서도' 똑같은 법칙을 적용해 자연과 우주를 이해하고 그 결과를 확장시킬 수 있다. 같은 이유로 보편적인 물리법칙에 등장하는 자연의 상수들도 대단히 중요하다. 예를 들어 만유인력의 법칙에 등장하는 중력상수 G의 값이 과거에 조금만 달라졌더라도 "태양이 방출하는 에너지의 양이 지극히 가변적으로 변하기 때문에 현재 우리에게 알려진 생물학적, 기후학적, 심지어 지질학적 기록들을 이해할 수 없게 된다."(본문 39쪽) 물리법칙을 이해하는 것이 어떻게 무뢰한과의 논쟁에서 이길 수 있는지를 보여주는 한 사례로 타이슨이 소개하는 자신이 겪은 일화도 흥미롭다.

3장 '빛이 있으라'에서는 빅뱅의 화석이라 할 수 있는 우주배경복사를 다룬다. 빅뱅 직후 우주는 계속 팽창하며 온도가 떨어졌지만 여전히 전자와 원자핵이 안정적인 원자를 이룰 만큼 충분히 식지는 않고, 이들 전기를 띤 입자들이 뒤죽박죽으로 뒤섞인 플라즈마 상태로 존재하고 있었다. 이때는 빛이 전기를 띤 입자들 사이에서 튕겨 다니며 플라즈마 속에 갇혀 있게 된다. 그러다 마침내 우주의 온도가 절대온도 3000도 정도로 내려가면 전자와 원자핵이 결합해 전기적으로 중성인 원자들이 형성된다. 그 결과 플라즈마 상태에 갇혀 있던 빛이 자유롭게 우주를 날아다닐 수 있다. 이 빛이 우주배경복사다. 우주배경복사는 빅뱅우주론의 결정적인 증거다. 우주배경복사는 겨우 1940년대에 그 존재가 예견되었고 1964년에 우연히 발견되었다. 이후 1990년대와 21세기에 이를 관측하기 위한 위성이 발사되면서 우주에 대한 이해가 획기적으로 바뀌었다. 우주배경복사의 미세한 온도차이 분포를 잘 분석하면 "전자와 원자핵이 결합하던 당시 중력이 얼마나 강했으며 수축에 의한 밀도의 증가가 얼마나 신속하게 이뤄지고 있었는지 등을 추정"(본문 61쪽)할 수 있다.

4장 '은하와 은하 사이'에서는 제목 그대로 은하들 사이의 우주공간을 탐색한다. 여기에는 우주의 진화와 관련해 은하보다도 더 중요한 정보가 숨어 있다. 그 내용물들을 살펴보자면 "왜

소은하, 폭주성, 엑스선을 방출하는 온도 100만 도의 고온 기체, 암흑 물질, 흐린 푸른색 은하, 하늘 전역에서 발견되는 기체 구름, 막강한 에너지의 우주선 입자, 신비의 존재인 진공 양자 에너지 등이 은하와 은하들 사이의 공간을 채우고 있다."(본문 64~65쪽) 은하와 은하들 사이는 그냥 아무것도 없는 텅 빈 공간이 아닌 것이다. 오히려 눈에 보이는 은하들보다 이들이 우주의 주역일지도 모른다. 초고온의 은하단 기체의 총질량이 은하단을 구성하는 성분 은하들의 총질량보다 10여 배 더 크며, 이들보다 암흑 물질의 질량이 또 10여 배 더 크기 때문이다.

5장 '암흑 물질'에서는 20세기 천문학의 최대 수수께끼라 할 수 있는 암흑 물질dark matter을 소개한다. 암흑 물질은 전자기적인 상호작용을 하지 않아서 빛을 내거나 반사하지 않는다. 핵반응도 하지 않는다. 그래서 통상적인 방법으로 관측할 수가 없다. 다만 보통의 물질들과 마찬가지로 중력작용은 하고 있어서 그 효과로부터 암흑 물질의 존재를 간접적으로 확인할 수 있을 뿐이다. 이들이 차지하는 중력효과는 우리가 알고 있는 보통의 물질보다 6배 정도 강력하다. 안타깝게도 블랙홀이든 무엇이든 지금 우리가 알고 있는 천체들 중에는 암흑 물질의 후보가 될 만한 것이 없다. 소립자를 연구하는 입자물리학자들도 암흑 물질을 설명하기 위해 통상적인 입자들을 넘어서는 새로운 존재를 상정하지만 아직 검증된 입자는 하나도 없다. 암흑 물질의 정체를 밝히는 것은 21세기 천문학, 우주론, 입자물리학의 가장 중요한 과제 중 하나다.

6장 '암흑 에너지'에서는 우주를 지배하는 또 다른 형태의 에너지인 암흑 에너지dark energy를 다룬다. 암흑 에너지란 우주의 팽창을 가속시키는 원인이 되는 요소다. 애초에 다수의 과학자들은 우주 내부의 중력작용 때문에 우주의 팽창이 점점 느려질 것으로 기대했으나, 1998년 초신성을 연구한 두 연구진의 결과는 그와 정반대로 나왔다. 즉 우리 우주의 팽창이 점점 더 빨라지고 있다. 이후 우주배경복사 등을 분석한 다른 결과들도 우주의 가속팽창을 지지하는 것으로 드러났다. 관측된 결과를 설명하기 위해서 필요한 암흑에너지는 전체 우주의 에너지 밀도에서 무려 68%를 차지한다. 27%는 앞서 소개했던 암흑 물질이고, 우리가 잘 아는 보통의 물질은 5% 정도 밖에 안 된다.

암흑 에너지의 유력한 후보는 아인슈타인이 100여 년 전에 도입한 우주상수cosmological constant다. 우주상수는 아인슈타인이 영원불멸의 우주라는 자신의 우주모형을 만족시키기 위해 일반상대성이론의 중력장 방정식에 임의로 집어넣은 항이다. 이 항은 다른 물질들의 중력작용과는 반대로 반중력의 효과를 발휘해 아슬아슬하게 우주를 영원불멸의 상태로 만든다. 그러나 이후 1929년 허블이 팽창하는 우주를 발견하자 아인슈타인은 우주상수 도입을 철회했다. 그러다가 새로운 세기가 시작될 무렵 우주상수가 암흑 에너지의 후보로 유력하게 다시 부상한 것이다. 우주상수가 정말로 암흑 에너지인지, 또는 전혀 다른 정체의 암흑 에너지가 있는 것인지를 밝히는 것은 암흑 물질의 정체와 더불어 21세기 천문학이 직면한 가장 큰 수수께끼다.

7장 '주기율표에 담긴 우주'에서는 주기율표의 원소들에 담긴 우주적인 사연들을 소개한다. 화학과 천체물리학이 만나는 장이라고도 할 수 있다. 가장 가벼운 세 원소인 수소, 헬륨, 리튬은 주로 빅뱅의 과정에서 만들어졌다. 우주에서 이들 원소의 구성비는 빅뱅우주론의 증거로 받아들여진다. 그보다 더 무거운 원소들은 별에서 만들어진다. 천체의 이름을 딴 원소 이름들도 흥미롭다. 이들은 보통 그리스-로마 신화에 등장하는 신들의 이름에서 따온 것이다. 자연에 존재하는 가장 무거운 원소인 우라늄은 92번이고 93번은 넵투늄, 94번은 플루토늄이다. 이들은 각각 천왕성Uranus, 해왕성Neptune, 명왕성Pluto에서 따온 이름이다. 93번 이후의 원소들은 인공적인 합성으로 발견한 원소다.

8장 '구형 천체에 숨겨진 중력의 역할'에서는 다양한 천체의 모습이 왜 그러한지를 설명한다. 가장 간단한 천체의 모습은 구형이다. 이는 중력이 작용한 결과다. 또한 구형은 부피 대비 넓이가 최소인 도형이다. 그러나 우리 은하처럼 빠르게 회전하는 경우에는 오랜 세월이 지난 뒤 지금과 같은 모습의 원반 모양이 될 것이다. 또한 쌍성을 형성하는 경우 짝이 되는 별의 중력의 영향을 받아 모양이 바뀐다. 많은 은하들의 집합체인 은하단 중에는 모습이 울퉁불퉁하거나 가느다란 필라멘트 형태를 띤 것도 있다. 이들은 아직 중력작용으로 안정화되기 전의 단계라고 볼 수 있다. 반면 코마 은하단은 대표적인 구형 은하단이다. 이 경우 은하단의 총질량을 쉽게 구할 수 있다. 이런 성질 때문에 코마 은하단으로부터 암흑 물질의 존재를 예측할 수 있었다.

9장 '눈에 보이지 않는 빛'은 말 그대로 눈에 보이지 않는, 가시광선 영역대 이외의 전자기파를 다룬다. 빛의 실체는 전기장과 자기장이 서로 수직으로 진동하며 진행하는 전자기파다. 적외선赤外線, infrared은 말 그대로 가시광선의 빨간색 빛보다 더 바깥쪽에 존재하는 빛으로 눈에 보이지 않는다. 적외선은 빨간색 가시광선보다 파장이 더 긴 전자기파다. 적외선은 천왕성을 발견한 것으로 유명한 천문학자 윌리엄 허셜이 처음 발견했다. 타이슨은 적외선 발견을 이렇게 평가한다. "천문학에서의 허셜의 적외선 발견은 생물학에서의 안톤 판 레이우엔훅의 '미생물' 발견에 견줄 만하다."(본문 158쪽)

현재 심우주탐사에서 맹활약하고 있는 제임스웹우주망원경도 적외선에 특화된 우주망원경이다. 적외선보다 파장이 더 긴 전자기파가 전파다. 전파를 이용해 천체를 관측하는 장비가 바로 전파망원경이다. 타이슨은 전파망원경의 역사와 함께 현재 운용 중인 FAST, VLA, VLBA, ALMA 등을 소개한다. 또한 이들

보다 훨씬 파장이 짧은 엑스선이나 감마선 감지장치도 우주를 관측하는 데 큰 역할을 수행한다.

10장 '행성과 행성 사이'에서는 행성들 사이에 존재하는 유성체와 소행성, 혜성의 핵들이 모여 있는 카이퍼 벨트와 오르트 구름, 그리고 행성들이 거느리고 있는 위성들, 태양풍 등을 소개한다. 이들 중 일부는 당연히 지구의 생존에 큰 위협이 될 수도 있다. 다행히 목성은 이들로부터 지구를 포함해 내행성계를 보호하는 방패 역할을 충실히 수행해 왔다.

11장 '지구의 쌍둥이를 찾아'라는 주제는 누구라도 흥미를 가질 내용이다. 여기서는 외계행성을 어떻게 탐색할 수 있는지, 실제 그 역할을 수행하는 케플러망원경이 어떤 원리로 작동하는지 등을 설명한다. 기본적으로 외계행성이 중심별을 가릴 때의 밝기 변화를 섬세하게 관측하면 된다. 또한 분광학을 이용해 행성의 대기 특성을 화학적으로 분석할 수도 있다. 운이 좋다면 외계생명체의 존재도 기대할 수 있을 것이다. 타이슨은 우리 은하에만 대략 40억 개의 쌍둥이 지구가 있을 것으로 예상한다.

12장 '우주적으로 보고 우주적으로 생각하라'는 이 책의 결론에 해당한다. 여기서 타이슨은 지구 문명이 현재 처한 문제를 해결하기 위해 모두가 우주적 관점과 시각에서 우주적 성찰에 나서기를 촉구한다.

"우주적 시각은 언제나 우리를 겸손하게 한다."(본문 222쪽)

이 책을 덮고 나면 타이슨의 이 말이 얼마나 사실인지 가슴 깊이 느끼게 될 것이다. 우주와 천문학의 최신 성과들을 하나씩 따라가기에 너무 바쁘고 버거운 이들에게 《날마다 천체물리》는 최상의 출발점이 되리라 확신한다.

⚡ 같이 읽으면 좋은 책 《남극점에서 본 우주》, 김준한·강재환, 시공사
《명왕성 연대기》, 닐 디그래스 타이슨, 사이언스북스
《블랙홀 옆에서》, 닐 디그래스 타이슨, 사이언스북스
《우주의 빈자리, 암흑 물질과 암흑 에너지》, 이재원, 컬처룩
《웰컴 투 더 유니버스》, 닐 디그래스 타이슨·마이클 스트라우스·J. 리처드 고트, 바다출판사

(((27)))

우아한 우주 속에 펼쳐진
끈들의 향연

●-WW-●

《엘러건트 유니버스》

The Elegant Universe

브라이언 그린 Brian Greene, 1963~
1990년부터 1995년까지 코넬 대학의 물리학 교수였으며, 1996년부터 컬럼비아 대학의 교수로 재직 중이다. 초끈이론 분야에서 중요한 업적을 남긴 이론물리학자다. 매년 뉴욕시에서 개최되는 월드 사이언스 페스티벌World Science Festival을 공동으로 기획하는 등 지난 수십 년 동안 과학 대중화에 힘써왔다.

《엘러건트 유니버스》는 끈이론을 다룬 가장 유명한 대중과학서다. 과학에 관심이 있는 사람들은 끈이론을 한번쯤 들어봤을 것이다. 하지만 끈이론이 정확하게 무엇이고 그것이 물리학에서 어떤 위치를 차지하고 있는지 아는 사람은 별로 없다.《엘리건트 유니버스》는 그런 독자들에게 가뭄의 소나기 같은 책이다.

서문을 보면 브라이언 그린이 이 책을 어떤 의도로 집필했는지 명확하게 드러난다. 자연의 근본적인 힘들을 하나로 통합하는 이른바 통일장이론unified field theory의 가장 유력한 후보로서 끈이론을 일반 대중들에게 소개하는 것이다. 통일장이론은 아인슈타인이 말년에 추구했으나 실패했던 기획이기도 하다.

물리학의 역사를 보면 자연현상을 설명하는 이론들을 통합해 보다 근본적인 이론을 구축해 온 경우가 더러 있었다. 19세기에 전기와 자기현상은 맥스웰 방정식으로 대변되는 전자기이론으로 통합되었다. 이와 비슷하게 1960년대 스티븐 와인버그는 약한 핵력과 전자기력을 통합해 약전기이론을 만들었고, 이는 입자물리학의 표준모형의 토대가 되었다. 이런 성공 사례들이 있었기에 과학자들은 언제나 기존의 이론이나 법칙들을 보다 근본적인 수준에서 통합하려는 노력을 아끼지 않았다. 이는 오래전 천상의 세계와 지상의 세계를 하나의 '보편' 중력이론으로 통합했던 뉴턴의 정신이기도 하다. 아인슈타인은 그런 뉴턴의 정신을 계승하려다 실패했다. 그러나 엄밀히 말해 이 우주에 대통합이론 같은 것이 반드시 존재하는지, 또는 존재해야 하는지는 지금 우리의 지적 수준으로서는 알 수 없다. 어쩌면 이는 뉴턴과 아인슈타인의 후예들의 로망이자 희망사항일 뿐일 수도 있다.

이는 또한 단순성의 원리로 자연을 설명하려는 이른바 '오컴의 면도날Occam's razor'의 가장 적극적인 형태일 수도 있다. 오컴의 면도날은 14세기 영국의 프란체스코회 수사였던 오컴의 윌리엄이 제기한 것으로, 동등한 수준에서 경쟁하는 둘 이상의 이론이 있을 때 보다 간단한 쪽을 선택하라는 원리다. 꼭 필요한 것들만 가정하고 나머지는 면도날로 잘라버리라는 의미가 담겨 있다. 별개로 떨어져 있던 복수의 이론을 보다 근본적인 수준에서 하나로 통합할 수 있다면 누구라도 통합된 형태의 새로운 이론을 지지할 것이다. 이런 통합의 여정의 끝은 앞서 이미 소개했던 스티븐 와인버그의 '최종이론'이 될 것이다. 최종이론은 '물리학의 성배'라 할 만하다. 사실 와인버그 또한 끈이론을 최종이론의 한 후보로 여기기도 했다. 그린은 대통합이론에 접근하기 위해 "'시공간에 대한 개념의 변화'에 초점을 맞추어 논리를 진행시켜 나가기로 했다."고 서문에서 밝히고 있다. 상대성이론과 양자역학에서의 시공간은 고전역학에서의 시간이나 공간과는 전혀 다르다. 또한 끈이론에서의 시공간도 꽤나 다르다. 독자들도 이점을 주목하면서 논의를 따라가면 그린의 저술 기획에 충분히 가까워질 수 있을 것이다.

한 가지 염두에 두어야 할 사실은, 책의 저자인 그린이 끈이론 전공자라는 점이다. 해당 분야 전공자가 자기 분야의 이론이 '물리학의 성배'의 유력한 후보라고 주장하는 것이니 아무래도 제3자의 객관적인 평가가 필요한 부분이 있기도 하다. 이 점은 독자들이 감안하고 읽는 것이 도움이 될 것이다.

끈이론의 모든 것

이 책은 총 5부로 이루어져 있다. 1부 '지식의 변두리에서'는 도입부로서 끈이론이 무엇이며 왜 필요한지를 개괄적으로 설명하고 있다. 2부 '시간과 공간, 그리고 양자의 딜레마'에서는 20세기 물리학의 두 기둥인 상대성이론과 양자역학을 소개한다. 상대성이론을 설명한 2장과 3장은 대단히 잘 썼다. 상대성이론도 쉽지 않은 내용이지만 대단히 직관적이면서도 명쾌하게 핵심을 잘 다루었다. 특수상대성이론과 일반상대성이론이 무엇인지 간략하게 살펴보려면 이 두 장을 보는 것도 좋은 선택이다. 상대적으로 양자역학 및 장field에 대한 양자이론인 양자장론을 다룬 4장은 2, 3장처럼 쉽게 와닿지는 않는다. 원래 양자역학은 눈에 보이지 않는 미시세계를 다루는 데다 가장 반직관적인 방식으로 작동한다. 그래서 어떻게든 쉽게 설명하기 위해서는 적절한 비유를 도입하는 경우가 많은데, 경우에 따라서는 비유 자체를 이해하는 게 더 어려울 수도 있다. 또한 과학적인 비유는 언제나 과학적 실체의 본질을 놓칠 우려도 있다는 점을 감안해야만 한다. 사실 이것은 모든 과학대중서가 갖는 딜레마다. 수식 한두 줄이면 간단하게 정리될 것을, 수식을 잘 모르는 사람들을 위해 일상적인 용어로 풀어서 쓰다보면 어쩔 수 없는 일종의 '번역' 과정을 거칠 수밖에 없다.

2부에서 상대성이론과 양자역학을 도입한 직접적인 이유는 이 둘을 하나의 이론으로 통합하는 것이 20세기 내내 실패해 왔기 때문이다. 2부의 마지막인 5장에서는 특히 일반상대성이론과 양자역학이 어떤 충돌을 일으키는지 보여준다.

3부 '우주의 교향곡'에서는 드디어 대망의 끈이론이 등장한다. 여기서는 끈이론의 간략한 역사를 소개하고 왜 끈이론이 자연의 근본이론이라 여겨지는지, 또한 왜 상대성이론과 양자역학을 통합할 수 있는 유력한 후보인지를 보여준다. 또한 끈이론 중에서도 특히 초대칭성supersymmetry이 있는 초끈이론superstring theory을 설명한다.

4부 '끈이론과 시공간의 구조'에서는 끈이론의 보다 세부적인 내용을 다룬다. 저자인 그린 자신이 기여했던 부분도 나온다. 서문에서 제기했던 '시공간에 대한 개념의 변화'가 끈이론에서 어떻게 이루어지는지를 보다 자세하게 보여준다. 그리고 1990년대 중반에 있었던 이른바 '끈이론 2차 혁명'의 과정에서 등장했던 M이론과, 끈이론이 어떻게 블랙홀을 기술하는지, 이로부터 스티븐 호킹이 제기했던 블랙홀에서의 정보 모순 문제를 어떻게 해결할 수 있는지를 보여준다. 블랙홀에서의 정보 모순 문제를 끈이론으로 설명 또는 '해소'한 것은 끈이론의 큰 성공 중 하나라 할 수 있다. 4부의 마지막인 14장에서는 끈이론과 우주론의 관계, 우주론에서의 끈이론의 함의를 소개한다.

5부 '21세기 통일이론'은 책의 결말에 해당한다. 책을 쓸 당시의 끈이론의 상황과 끈이론이 직면한 문제들, 그리고 대통합이론으로서 끈이론의 가능성 및 미래를 전망하고 있다.

과학자들이 끈이론에 열광하는 이유

전통적인 입자물리학에서는 세상을 구성하는 가장 기본적인 단위를 점입자point particle로 생각한다. 점입자란 크기나 부피가 없고, 따라서 더 이상의 하부구조가 없는 입자다. 점입자에 대한 장을 양자역학적으로 다룬 이론이 양자장론이다. 20세기 초반 한동안은 원자핵을 구성하는 양성자나 중성자를 바로 이런 기본입자라 여기기도 했다. 그러나 이후 쿼크 모형이 성공을 거두며 지금까지 쿼크가 이 세상을 구성하는 가장 기본적인 단위로서의 점입자다. 전자electron도 마찬가지다.

그렇다면 나중에 혹시라도 쿼크보다 더 근본적인 점입자가 있을 수도 있지 않을까? 그건 모를 일이다. 다만 이런 식으로 계속 무한히 보다 작은 단위를 환원론적으로 추구해 온 기획은 지금까지 대단히 성공적이었다. 이렇게 점입자로의 환원론적 분석은 역사적으로 대단히 성공적이었지만, 개념적으로 봤을 때는 무한히 더 세부적인 단위로 내려갈 수 있다는 난점도 있다 (다른 기술적인 문제들은 이 책에 잘 소개돼 있다). 마치 양성자를 쿼크들의 모임으로 환원했듯이 말이다.

그렇다면 정말 우리 우주를 구성하는 가장 궁극적인 단위는 무엇일까? 쿼크와 전자가 궁극의 점입자라면, 왜 하필 전자와 쿼크일까? 길이도 부피도 없는 점에 온갖 물리적 성질이 집중돼 있다는 심상을 어떻게 받아들여야 할까? '점입자 패러다임'에서는 이런 근원적인 질문에 만족할 만한 답을 주기 어렵다.

그에 비하면 끈이론은 1차원적인 끈에 관한 양자역학적 이론이다. 끈이론은 1970년대에 핵물리학을 연구하다가 우연히 발견되었다(본문 제6장을 볼 것). 끈은 1차원적인 구조물이기 때문에 차원이 없는 점과는 근본적으로 다르다. 끈이론의 세상에서는 자연에 근본적인 '최소 길이'가 존재한다. 그래서 끈이론은 점입자와는 전혀 다른 패러다임이다. 점입자들에 성공적인 양자장론인 표준모형은 말 그대로 '모형model'이다. 이 우주에 왜 전자가 있고 6종의 쿼크가 있는지, 왜 그렇게 많은 기본입자들이 존재하는지 설명할 길이 없다. 일단 그런 존재들이 있다 치고(실험적으로 관측되니까) 이들에 대한 이론을 만든 것이 표준모형이다. 하지만 끈이론의 패러다임에서는 그 모든 입자들이 그저 끈의 서로 다른 진동 양태일 뿐이다. 이 세상의 근본은 1차원적인 끈이라는 사실만 가정하고 여기에 체계적으로 양자역학을 적용하면 끈이론이 도출된다. 일단 '오컴의 면도날'이라는 기준으로 볼 때 끈이론은 그래서 상당히 매력적이다. 또한 끈이 1차원으로 확장된 구조물이기 때문에 점입자의 경우와 달리, 점입자들이 상호작용을 할 때 필연적으로 생길 수밖에 없는 무한대의 문제도 사라진다. 게다가 끈이론에서는 실 가닥처럼 양 끝이 모두 있는 열린 끈뿐만 아니라 고무밴드처럼 고리 모양으로 양 끝이 없는 닫힌 끈도 존재할 수 있다.

놀랍게도 닫힌 끈은 중력을 설명하는 요소를 간직하고 있었다. 앞서 말했듯이 끈이론은 끈에 대한 '양자역학적' 이론이다. 따라서 끈이론은 중력을 양자역학적으로 설명할 수 있는 길을 연 것이다. 이렇게 되면 현대적인 중력이론인 일반상대성이론과 양자역학이 끈이론 속에서 평화롭게 통합될 수 있다. 이것만으로도 많은 과학자들이 끈이론에 열광할 이유는 충분했다.

이 책이 처음 출간된 것은 1999년이었다. 이때는 이른바 '끈이론 2차 혁명' 직후여서 '최종이론' 또는 '모든 것의 이론Theory of Everything, TOE' 등에 대한 기대감도 무척 높았다. 이는 마치 100년 전인 1890년대 초반, 과학은 이제 거의 완성되었고 남은 것은 정밀도를 높이는 것뿐이라는, '과학의 완성'에 대한 기대감이 높았던 분위기와도 비슷했다.

또한 1997년에는 끈이론 역사에서 가장 획기적인 발견이라 추앙받는 말다세나 추론Maldacena conjecture이 등장했다. 말다세나 추론은 고차원의 중력이론과 그보다 하나 낮은 차원의 양자장론을 연결하는 추론으로, 차원이 다른 두 이론을 연결하는 홀로그래피 이론의 전형이다. 말다세나 추론은 이후 끈이론의 본질과 그 응용에 획기적인 돌파구를 마련했다. 그러나 21세기 접어들어 상황이 미묘하게 바뀌었다. 후에 소개할 레너드 서스킨드의《우주의 풍경》을 참고하기 바란다.

⚡ 같이 읽으면 좋은 책 《스트링 코스모스》, 남순건, 지호

《양자 중력의 세 가지 길》, 리 스몰린, 사이언스북스

《우주의 풍경》, 레너드 서스킨드, 사이언스북스

《위대한 설계》, 스티븐 호킹·레오나르드 믈로디노프, 까치

《초끈이론의 진실》, 피터 보이트, 승산

28

과학 픽션이
과학적 팩트가 되는 순간

❤️〰️●

《숨겨진 우주》

Warped Passages: Unraveling the Mysteries of the Universe's Hidden
Dimensions

리사 랜들 Lisa Randall, 1962~
미국의 이론물리학자. 1962년 미국에서 태어났으며 뉴욕의 스타이버선트 고등학교를 졸업하고 하버드 대학 물리학과에서 입자물리학과 우주론을 연구했다. 프린스턴 대학 물리학부, 매사추세츠 공과대학 및 하버드 대학 물리학과에서 이론물리학자로서는 종신 교수직을 취득한 첫 번째 여자 교수이기도 하다. 현재 하버드 대학 물리학과 교수로 재직하고 있다. 앨프리드 슬론 재단의 연구상, 미국 자연과학협회가 주는 젊은 과학자상, 미국 물리학교육자협회가 주는 클롭스테드상, 미국 물리학회가 주는 '최다 인용 논문상' 등을 수상했다. 다수의 물리학 학회를 기획하고 여러 물리학 학회지의 편집위원으로 활동하며 전 세계 이론물리학계에서 중심적인 역할을 하고 있다.

《숨겨진 우주》는 미국의 여성 물리학자 리사 랜들이 2005년에 출간한 책이다. 랜들의 연구 분야는 입자물리학의 표준모형, 초대칭, 급팽창 우주론, 대통일이론 등이다. 랜들이 학계의 신데렐라로 떠오른 것은 1999년의 일로, 라만 선드럼Raman Sundrum과 함

께 제시한 '랜들-선드럼Randall-Sundrum, RS 모형'이 학계에 큰 돌풍
을 불러일으키면서였다. RS 모형의 첫 논문 〈작은 덧차원으로
부터 큰 질량 위계A large mass hierarchy from a small extra dimension〉는 2024
년 2월 현재 거의 1만 회 인용된 것으로 확인된다. 《숨겨진 우
주》는 자신의 연구 성과를 대중 언어로 풀어쓴 책이다.

'덧차원'이란 무엇인가

이 책은 한마디로 말해 차원에 관한 책이다. 그중에서도 특히 우
리에게 익숙한 3차원 공간 너머의 새로운 차원, 즉 '덧차원extra
dimension'(부가차원 또는 여분차원이라고도 한다)이 핵심 주제다. 랜들
은 이를 '경로passage'라 부르기도 한다. 따라서 이 책의 영어제목
'Warped Passage'는 '휘어진 덧차원'으로 이해할 수 있다. 사
실 이것이 바로 랜들-선드럼 모형의 근간이기도 하다.

　덧차원에 관한 논의는 사실 그 역사가 오래되었다. 그러다 20
세기 말에 다시 각광을 받게 된 이유는 덧차원이 물리학의 오랜
수수께끼를 해결할 수도 있다는 제안 때문이었다. 그 수수께끼
는 바로 이것이다.

　"가장 중요한 문제 중 하나는 왜 중력이 우리가 아는 다른 힘에
　비해 그토록 약한가 하는 문제이다."(본문 28쪽)

우리 우주에는 근본적인 네 가지 힘이 있다. 전자기력과 중력은 비교적 오래전부터 잘 알려진 힘이고 원자 이하의 세계에서 작용하는 약력과 강력은 20세기에 들어와서 알려졌다. 약력은 원자핵의 방사성 붕괴 등에서처럼 입자의 종류를 바꿀 수 있는 힘이다. 강력은 양성자나 중성자 같은 핵자를 구성하는 쿼크들 사이에 작용하는 힘으로, 이들 쿼크를 묶어 핵자를 형성하게 한다. 또한 이 힘이 결국은 양성자와 중성자를 강력하게 묶어 원자핵을 형성하게 한다.

과학자들을 불편하게 하는 사실은 이들 네 힘 중에서 중력이 나머지 세 힘보다 너무나 약하다는 점이다. 구체적인 상황에 따라 조금씩 다르기는 하지만 강력의 세기를 1이라 했을 때 통상적으로 전자기력의 세기는 10^{-2}, 즉 100분의 1이고 약력의 크기는 대략 10^{-6}, 즉 100만 분의 1이다. 그런데 중력의 크기는 무려 10^{-38} 정도나 작다. 이를 위계문제 또는 계층성 문제hierarchy problem라 한다.

약력이나 강력은 굉장히 좁은 영역에서만 효과를 발휘하는 힘이다. 일상생활에서 우리가 언제나 느끼는 힘은 중력과 전자기력이다. 이 두 힘의 차이가 엄청나게 크다는 것은 조그만 자석 하나로도 충분히 느낄 수 있다. 조그만 자석을 가만히 두면 지구의 중력이 작용한다. 이 말은 지구의 전체 질량(약 10^{24}kg)이 모두 자석을 당기고 있다는 뜻이다. 그러나 그 자석 가까이에 냉장고가 있으면 지구 전체가 당기는 힘을 가볍게 극복하고 냉장고에 잘 붙어 있을 수 있다.

이 문제를 조금 다른 각도에서 재구성할 수 있다. 중력이 약한 이유는 중력의 세기를 결정하는 자연상수인 뉴턴의 중력상수가 매우 작기 때문이다. 이 작은 상수를 극복하려면, 예컨대 해당 입자의 질량이 엄청나게 커지면 된다. 적당한 단위계를 잘 설정하면 중력상수를 어떤 질량의 역수의 제곱으로 표현할 수 있다. 중력상수로 표현할 수 있는 고유한 질량을 플랑크질량이라고 한다. 물리학자들은 대개 소립자의 질량을 전자볼트electron Volt, eV 의 단위로 표시한다. 1전자볼트는 1볼트의 전압 속에 놓여 있는 전자가 가지는 에너지다. 그리고 $E=mc^2$에 따라 질량과 에너지를 구분하지 않고 쓰기로 한다. 플랑크질량은 기가전자볼트Giga eV, GeV, 즉 10억 전자볼트의 단위로 표시했을 때 10^{19}GeV 정도 된다. 그러니까 플랑크질량은 중력이 굉장히 강력해지는 에너지 수준이라고 할 수 있다.

반면 약력의 경우 이 힘을 매개하는 입자인 W나 Z입자의 질량이 대략 100 GeV 정도다. 중력이 왜 그렇게 약한가라는 질문은 플랑크질량이 다른 소립자들의 질량수준에 비해 왜 그렇게 큰가라는 질문으로 바꿀 수 있다.

이 문제는 리언 레더먼의 《신의 입자》편에서 소개했던 힉스 입자의 질량에도 영향을 끼친다. 실험적으로 밝혀진 힉스입자

의 질량은 약 125GeV다. 이론적으로 힉스입자의 질량은 양자
역학적인 효과를 통해 그 값이 보정받는다. 양자역학에서는 힉
스입자가 쿼크와 반쿼크를 방출하고 이들이 다서 힉스입자로
붕괴하는 고리모양의 반응이 일어날 수 있다. 이런 반응은 고리
모양 속의 입자가 가질 수 있는 에너지의 제곱에 비례하는 정도
로 힉스입자의 질량의 제곱에 기여한다. 만약 그 에너지의 상한
선을 플랑크질량으로 잡으면 힉스입자의 질량의 제곱은 실험값
보다 약 10^{32} 정도 큰 값을 가진다. 그렇다면 애초 이론에 도입된
힉스입자의 질량에서 그 정도의 초과분을 상쇄시키는 요소가
포함돼 있어야만 한다. 서른두 자리의 큰 숫자를 더하고 빼서 정
확하게 상쇄시키는 일이 우리 우주에서 자연스럽게 일어난다고
할 수 있을까? 그래서 이 문제를 자연스러움naturalness의 문제, 또
는 미세조정fine-tuning의 문제라 한다.

이들 문제는 아직도 물리학자들을 괴롭히고 있고, 이 문제를
해결하는 과정에서 많은 새로운 이론과 모형이 선보이기도 했
다. 그중의 하나가 덧차원이다.

1998년 니마 아르카니-하메드Nima Arkani-Hamed, 사바스 디모
폴로스Savas Dimopoulos, 기아 드발리Gia Dvali 세 명은 덧차원을 도입
해 위계문제를 해결할 수 있음을 보였다. 이 모형은 이들 이름의
머리글자를 따서 ADD 모형이라 한다. ADD 모형에서는 일반적
으로 n개의 덧차원이 있을 수 있다. 전자기력과 약력, 강력은 보

통의 3차원 공간에 속박돼 있지만 중력은 덧차원으로도 뻗어나 갈 수 있다. 이렇게 되면 전체 시공간에서는 중력이 강력하더라 도 우리가 살고 있는 3차원에서는 중력이 약해질 수 있다. 또한 그 결과 덧차원의 크기 이하의 영역에서는 중력법칙도 달라질 수 있다.

만약 전체 시공간에서의 새로운 플랑크질량이 10^{19}GeV가 아니라 1000 GeV 정도라면 n=2일 때 덧차원의 크기가 밀리미터 수준까지 커질 수 있다. 인간의 척도에서는 밀리미터가 작은 척도지만 원자 이하의 소립자의 수준에서 밀리미터는 엄청나게 큰 척도다. 그래서 ADD 모형은 큰 덧차원Large Extra Dimension, LED 모형이라고도 부른다.

이보다 뒤에 제안된 RS 모형은 5차원 모형이다. 즉 하나의 덧차원이 존재하고 그 속에서 우리는 4차원(3차원 공간+1차원 시간)의 시공간 속에 있다. 이때 우리가 살고 있는 4차원의 시공간 구조물을 막brane이라 한다. 초기 RS 모형RS1에서는 5차원 시공간에 두 개의 막이 존재한다. 하나는 중력막이라 하고 다른 하나는 약력막이라 한다. 이들 두 막 사이의 거리는 5차원을 따라 그리 크지 않아도 된다.

RS 모형의 가장 핵심적인 특징은 다섯 번째 차원의 구조가 급격하게 휘어져 있다는 점이다. 이는 각각의 막이 가지고 있는 에너지들 때문이다. 중력막에서는 중력이 강력하다. 반대로 약력막에서는 중력이 약하다. 왜 그럴까? 그 이유는 5차원을 따라 공간이 뒤틀려 있고 그 결과 중력을 매개하는 입자인 중력자graviton가 존재할 확률함수가 5차원을 따라 기하급수적으로 바뀌기 때문이다. 즉 중력막에서는 중력자의 확률함수가 커서 중력이 강력하고, 약력막에서는 확률함수가 기하급수적으로 작아져 중력이 약해진다. 확률함수가 5차원을 따라 기하급수적으로 변하기 때문에 덧차원이 그리 크지 않아도 두 막에서 큰 차이를 만들 수 있다.

이 구성을 염두에 두면 랜들과 선드럼의 논문 제목이 왜 '작은 덧차원으로부터 큰 질량 위계'인지 짐작할 수 있을 것이다. 또한 이 책의 영문 제목이 왜 'Warped'로 시작하는지도 알 수 있다. 'Warped passage', 즉 '뒤틀린 경로(덧차원)'가 RS 모형의 핵심적인 특징이다.

덧차원을 도입해서 어떤 문제를 해결하려고 했는지를 염두에 둔다면 방대한 이 책을 따라가기가 조금은 수월할 것이다. 이 책은 총 6부 25장으로 구성돼 있다. 1부에서는 일반적인 차원에 관한 이야기로 시작한다. 2부에서는 역시나 20세기 물리학의 두 기둥인 상대성이론과 양자역학을 소개한다. 현대물리학을 심각하게 다루는 과학서들 중에서 이 둘을 다루지 않고 지나가는 책은 별로 없다(예컨대 브라이언 그린의《엘리건트 유니버스》도 마찬가지다). 저자들마다 상대성이론과 양자역학을 어떻게 이해하고 설명하는지 비교해 보는 것도 재미있을 것이다. 3부는 현대적인 입자물리학을 개괄하고 있다. 여기서는 입자물리학의 표준모형을 중심으로 봐두면 좋다. 13장에서는 표준모형 너머의 물리학 중 하나인 초대칭성을 소개하고 있다. 초대칭이론은 덧차원의 이론이 나오기 오래전에 제기된 이론으로, 위계문제를 해결하는 유력한 수단 중 하나다.

4부에서는 끈이론과 막을 다룬다. 하지만 깊이 들어가지는 않는다. 브라이언 그린의 《엘리건트 유니버스》를 읽은 독자라면 쉽게 따라갈 수 있을 것이다. 끈이론과 막을 소개한 것은 RS 모형이 여기서 모티브를 얻었기 때문이다. 랜들과 선드럼은 두 개의 분리된 막이 있는 초대칭 이론을 연구했었다. 5부의 초반부에 이런 모티브들이 소개된다. 이후로는 본격적으로 덧차원의 이론을 다룬다. RS 모형이 나오기 전 ADD 모형부터 아주 자세하게 다룬다. ADD 모형과 RS 모형을 비교하면서 어떤 차이점이 있고 어떤 장단점이 있는지 비교하면서 읽으면 유익할 것이다. 6부는 결론에 해당한다.

지식을 깨고 나가는 상상력의 산물, 덧차원의 이론

ADD 모형이든 RS 모형이든 덧차원의 이론에서는 여분의 차원으로 넘나드는 입자들의 층이 존재한다. 이들 입자의 층이 4차원 시공간에서 '칼루자-클라인Kaluza-Klein, KK' 입자들로 나타난다. 즉 KK 입자들은 덧차원을 돌아다니는 입자들의 4차원 흔적이라 할 수 있다. KK 입자가 어떤 질량을 가지며 다른 입자들과 어떻게 상호작용하는지는 덧차원의 구조에 따라 달라진다. 만약 이들 입자가 정말로 존재한다면 충분히 높은 에너지의 입자가속기에서 반드시 발견될 것이다.

안타깝게도 랜들을 포함한 많은 물리학자들의 기대와는 달리, 현존하는 가장 강력한 입자가속기인 대형강입자충돌기LHC에서도 아직은 덧차원의 증거를 발견하지 못했다. 데이터가 쌓일수록 덧차원 모형의 가능한 입지가 조금씩 줄어들고 있지만, 완전히 배제했다고는 할 수 없다.

처음 덧차원의 이론들이 나왔을 때 학계에서는 SF 같은 논문이 나왔다는 평가도 있었다. 사실 인간 인식의 프런티어 경계선에서는 과학과 SF가 잘 구분되지 않는 경우가 많다. 덧차원의 이론도 그 희미한 경계의 어딘가에서 출발한 아이디어다. 앞서 소개했듯이 킵 손이 《블랙홀과 시간여행》의 프롤로그를 SF 스토리로 시작한 것이나 마지막 장을 '웜홀과 시간여행' 같은 주제로 잡은 것도 우연이 아니다. 역시나 인간 인식의 경계를 한 발짝 더 넓히는 데 필요한 것은 틀에 얽매인 '기존' 지식이 아니라 그 틀을 깨고 나가는 상상력이다.

독자들도 이 책을 읽으면서 과학적인 세부사항들에 너무 얽

매이기보다 틀을 깨는 혁신적인 발상의 전환, SF 같은 기발한
상상력을 보다 많이 즐겨보길 바란다.

💡 같이 읽으면 좋은 책 《그레이트 비욘드》, 폴 핼펀, 지호
《암흑 물질과 공룡》, 리사 랜들, 사이언스북스
《엘리건트 유니버스》, 브라이언 그린, 승산
《천국의 문을 두드리며》, 리사 랜들, 사이언스북스

29

과학의 목적과 방향에
새로운 패러다임을 제시한 다중우주의 원조

•━ᴡᴡ━•

《우주의 풍경》

The Cosmic Landscape

레너드 서스킨드 Leonard Susskind, 1940~
끈이론의 창시자 중 한 명이며 현재에도 여전히 학계를 선두에서 이끌고 있는 대표적인 이론물리학자다. 뉴욕 출신의 서스킨드는 10대 청소년기에는 아픈 아버지를 대신해 배관공으로 일하기도 했다. 이후 뉴욕시티칼리지 공학부에 입학해 1962년 물리학 학사학위를 받았다. 1973년부터 스탠퍼드 대학 이론물리학 교수로 재직하고 있다. 미국 국립과학원과 미국 학술원AAAS 회원이며, 세계 최고의 이론물리학 연구기관 중 하나인 캐나다 페리미터 이론물리학 연구소의 객원 교수이기도 하다. 1998년 J. J. 사쿠라이상J. J. Sakurai Prize과 2018년 오스카 클라인 메달Oskar Klein Medal을 수상했다.

레너드 서스킨드가 2005년에 쓴《우주의 풍경》은 그의 첫 대중과학서다. 현역 최고의 과학자가 당대 학계의 뜨거운 이슈를 직접 대중과학서로 풀어서 썼다는 점에서《우주의 풍경》의 가치는 매우 높다. 서스킨드는 이 책의 제목에 들어 있는 '풍경landscape'이라는 말을 처음 쓴 사람이기도 하다. 2003년에 서

스킨드가 쓴 〈끈이론의 인류원리적 풍경The Anthropic landscape of string theory〉이라는 논문이 그 출발인데, 이 논문은 2024년 현재 1,100회 넘게 인용되었다.[21] 사실 2003년의 논문이 서스킨드가 이 책을 쓰게 된 직접적인 계기라고도 할 수 있다. 그 이야기는 '책을 시작하며'에서 소개하고 있다.

원래 서스킨드는 스티븐 호킹과 블랙홀에서의 정보 문제를 둘러싸고 수십 년 동안 벌였던 논쟁을 대중과학서로 쓰려고 했다. 그 논쟁의 쟁점은 블랙홀 속으로 들어간 정보는 호킹의 주장대로 사라지는가 여부였다. 그러나 그 무렵 서스킨드의 2003년 논문이 학계 안팎으로 큰 반향을 불러일으켰다. 그 결과 서스킨드는 '풍경'과 관련된 대중서를 먼저 내놓게 되었다. 그래서《우주의 풍경》이 서스킨드의 첫 대중과학서로 세상에 나왔다. 호킹과의 논쟁을 다룬 책은 이후《블랙홀 전쟁》이라는 책으로 출간되었다.《우주의 풍경》12장 '블랙홀 전쟁'에서도 그 내용을 다루고 있다.

우주는 인류의 존재를 위해 설계된 것일까?

이 책의 주제를 한마디로 요약하자면 '책을 시작하며'에 나와 있는 다음 문장으로 대신할 수 있다.

---

21 L. Susskind, The Anthropic landscape of string theory, hep-th/0302219

"그 질문은 우주가 신비스럽게도, 아니 눈부실 정도로 인류의 존재를 위해 잘 설계된 것처럼 보인다는 범상치 않은 사실을 과학이 설명할 수 있는가 하는 것이었다."(본문 8쪽)

서스킨드는 물리학자였기 때문에 당연히 위 질문에 과학적인 답을 제시하고 있다. 그 결과가《우주의 풍경》이다. 이 우주를 기술하는 여러 물리상수들 또는 다른 과학적 모수母數들이 인간이 존재하기에 대단히 친화적인 값들을 가지고 있다는 것은 사실이다. 아마도 이런 사실을 설명할 수 있는 가장 간단한 방법은 우리를 포함한 이 우주를 어떤 초월적인 존재가 특별한 의도를 갖고 지적으로 설계했다고 하는 것이다. 신앙심이 깊은 종교인들은 이런 주장을 옹호할 것이다.

이 주제와 관련된 중요한 개념이 '인간원리anthropic principle'다.[22] 프롤로그에서 서스킨드는 다음과 같이 설명한다.

"인간원리는 우리가 바로 지금 여기에서 우주를 관찰할 수 있도록 세계가 미세조정되어 있다는 가설적 원리이다."(본문 21쪽)

간단한 예를 들어, '지구와 태양 사이의 거리는 왜 하필 1억

---

[22] '인류원리'로 번역하기도 한다. 여기서는 김낙우가 옮긴《우주의 풍경》, (사이언스북스)을 따라 인간원리라 쓰기로 한다.

5,000만 킬로미터일까?'라고 질문할 수 있다. 실제로 행성의 운동법칙을 발견한 17세기의 케플러는 행성의 공전궤도 크기에 우주의 기본원리가 담겨 있다고 여겼다. 인간원리에서 이 문제에 접근하면 이렇다. 만약 지구가 그보다 더 가깝거나 더 멀었다면 인간 같은 고등 지적 생명체가 출현해서 진화하기 어려웠을 것이다. 적어도 금성이나 화성에서 우리 같은 생명체를 아직은 발견하지 못했다. 그렇다면 우리의 존재 자체가 지구와 태양 사이의 거리에 대한 힌트를 주는 셈이다.

물론 보통의 과학적인 설명의 방향은 인간원리와는 반대 방향이다. 지구와 태양 사이의 거리는 지구가 형성될 당시의 우연적인 요소들의 결과이고, 우리가 존재할 수 있었던 것은 그런 우연적인 결과의 산물일 뿐이라고 설명하는 것이 자연스럽다. 그런데 만약 우리가 지구와 태양 사이의 정확한 거리를 모르는 상황이라면 어떨까?

이와 비슷한 상황이 과학자들을 아직도 괴롭히고 있는 우주상수cosmological constant 문제에서 일어났다. 우주상수는 1917년 아인슈타인이 자신의 새로운 중력이론인 일반상대성이론을 이용해 우주 자체에 대한 과학적인 이론을 정립하는 과정에서 도입한 상수다. 아인슈타인은 영원불멸의 우주를 원했으나, 자신의 중력이론은 동적으로 진화하는 우주라는 결과를 내놓았다. 이를 바로잡기 위해 아인슈타인은 중력작용을 상쇄하는 요소로 새로운 상수를 임의로 도입했다. 이것이 우주상수다. 우주상수는 반중력의 효과를 발휘한다. 우주상수는 공간 자체가 가지고 있는 에너지 밀도, 즉 진공의 에너지 밀도로 해석할 수 있다. 허블이 팽창하는 우주를 발견한 뒤 아인슈타인은 우주상수의 도입을 철회했다. 이후 1990년대까지 많은 과학자들은 우주상수를 0으로 여겼다.

우주상수의 값을 정확하게 측정한 것은 20세기 말~21세기에 접어들어서 비교적 최근의 일이다. 그 값이 잘 알려져 있지 않던 1987년에 스티븐 와인버그는 인간원리를 적용해 우주상수가 가질 수 있는 값의 범위를 추정하는 논문을 발표했다. 우주상수가 양수로 큰 값을 가지면 우주의 진화에서 공간 자체가 가지는 반중력의 효과가 너무 커진다. 이는 우주를 더 빨리 팽창시키게 된다. 그렇게 되면 우주 속의 모든 것들이 너무나 빨리 서로 멀어지기 때문에 별이나 은하가 형성될 여유가 없다. 인류도 탄생하기 어렵다. 만약 우주상수가 음수로 큰 값을 가진다면 반대로 중력작용이 훨씬 더 커지게 된다. 그렇다면 빅뱅 직후 팽창하던 우주는 얼마지 않아 다시 중력응축을 시작해 우주 속의 모든 것들이 대충돌로 끝날 것이다. 이때도 역시 인류는 탄생하기 어렵다. 이로부터 와인버그는 우주상수가 가질 수 있는 값의 범위를 좁혀서 제시할 수 있었다.

21세기에 실제 관측을 통해 알게 된 우주상수의 값은 놀랍도록 작은 값이다. 그 정도는 가로, 세로, 높이가 각각 1미터인 공간 속에 양성자가 약 3.5개 정도 있는 수준밖에 안 된다. 그런데 현대적인 양자장론을 적용해 공간 자체가 가지는 에너지 밀도를 추정해 보면 이보다 무려 10^{120}이나 더 크게 나온다. 1뒤에 0이 무려 120개가 달린 엄청난 수다. 우주상수의 관측값과 이론적 추정치 사이의 이렇게 큰 차이를 우주상수 문제라 한다. 이는 물리학의 역사상 최악의 불일치로 아직도 악명을 떨치고 있다. 우주상수의 관측값도 인류의 존재를 위한 이 우주의 선물처럼 보였다.

우주상수 문제를 포함해 인간 친화적으로 보이는 우주라는 사실을 설명하는 서스킨드의 해답은 《우주의 풍경》 1장 '파인만이 그린 우주'에 간결하게 드러나 있다.

"메가버스의 어디에선가 그 상수는 이 값을 가지고 다른 곳에서는 저 값을 가질 것이다. 우리는 자연 상수가 우리 같은 생명체에 적합하게 조정된 호주머니 우주에 살고 있는 것이다. 그것이 진실이며, 그 질문에 다른 답은 있을 수 없다." (본문 43쪽)

여기서 메가버스megaverse는 다중우주multiverse의 다른 말로서, 우리 같은 우주를 수없이 많이 가지고 있는 우주들의 집합체다. 메가버스 안에 속한 각각의 우주를 호주머니 우주pocket universe라 한다. 호주머니 우주들은 서로가 직접적인 상호작용을 하지 않고 떨어져 있을 수 있다. 각각의 호주머니 우주에서는 물리상수나 법칙들 또한 다를 수 있다. 즉 메가버스의 관점에서 보자면 수많은 호주머니 우주들이 물리상수나 물리법칙과 관련해 수많은 다양성을 가지고 우리 우주보다 더 거대한 메가버스 속에 분포해 있는 것이다.

메가버스의 관점을 받아들인다면 '우리 우주가 왜 이런 모습인가, 왜 인간에게 친화적인 물리상수들을 가지고 있는가'라는 질문을 《우주의 풍경》 프롤로그에 나와 있는 다음 문구처럼 바꿀 수 있다.

"우주론에 다양성이라는 관점을 도입한 것은 물리학과 우주론에 심오한 결과를 낳았다. '우주는 왜 그렇게 생겼는가?'라는 질문은 '이런 엄청난 다양성 중 우리의 조건과 일치하는 호주머니 우주가 어디 있는가?'로 대치될 수 있다."(본문 31쪽)

비유적으로 말하자면, '지구와 태양의 거리가 왜 1억 5,000만 킬로미터인가?'라는 질문을 '태양계의 행성들 중에 우리의 존재 조건과 일치하는 행성은 어디에 있는가?'로 바꿀 수 있다는 말이다. 이렇게 된다면 인간원리가 꽤 괜찮은 설명 도구로 작동하게 된다. 우주상수 문제도 마찬가지다. 만약 호주머니 우주가 굉장히 많이 있다면 왜 우리 우주에서 우주상수 값이 그렇게 작은 가의 문제도 해결되는 셈이다. 우주상수 문제는 무려 10^{120}이라는 천문학적인 숫자의 장벽을 넘어야 하는데, 과연 메가버스에는(메가버스가 과연 존재하는가라는 문제는 잠시 제쳐놓더라도) 이렇게 많은 호주머니 우주가 있을까?

여기에 한 가지 힌트를 준 것이 끈이론에서의 결과다. 끈이론은 1차원적인 끈에 관한 양자역학적인 이론이다. 끈이론, 특히 초대칭성이 있는 초끈이론에서는 우리 우주의 시공간이 10차원(1차원 시간+9차원 공간)이어야 한다. 우리가 경험적으로 인지하는 공간은 3차원이니까 끈이론이 맞다면 나머지 6차원은 어딘가에 아주 미세한 구조로 숨어 있어야만 할 것이다. 그런 6차원의 구조들 중에 과학자들이 찾은 유망한 후보가 칼라비-야우 Calabi-Yau, CY 다양체다. 그런데 한 연구에 따르면 CY 다양체에서 구현할 수 있는 물리적인 진공상태 vacuum state가 무려 10^{500}에 달한다는 결과들이 도출되었다. 진공상태란 양자역학적으로 어떤 물리현상이 발생할 수 있는 배경상태를 뜻한다. 10^{500}은 10^{120}보다도 어마어마하게 더 큰 숫자다. 이 값은 특정한 상황을 가정하고 추정한 값이라 실제로는 그보다 훨씬 더 많은 가능성이 존재할 수도 있다. 이렇게 많은 끈이론의 진공상태의 집합체를 서스킨드는 '풍경'이라 불렀다.

끈풍경은 메가버스의 존재 가능성에 한 가지 이론적인 정당성을 부여한다. 그 많은 풍경이 제각각의 호주머니 우주를 이룬다면 우리 우주 말고도 그렇게나 많은 다른 우주들이 존재하게 된다. 그렇다면 10^{120} 정도 차이 나는 우주상수 문제, 또는 그와 비슷한 여타 미세조정의 문제도 가볍게 극복할 수 있다.

끈이론이 저렇게나 많은 가능성의 풍경을 갖고 있다는 것이 자연의 궁극적인 이론, 또는 모든 것의 이론을 탐색했던 과학자들에게는 큰 좌절감을 안겨주었다. 어떤 이들은 재앙이라고까지 표현했다. 뉴턴과 아인슈타인 이래 궁극의 이론을 추구했던 관점을 유지한다면, 그 많은 진공상태 중에서 우리 우주의 모습을 골라내는 어떤 물리적 원리 또는 선택 규칙을 찾아야만 할 것이다. 여기에 서스킨드는 10장의 끝부분에서 반대 입장을 분명히 했다.

"다음 장에서 바로 소개될 이 문제의 해답은 그런 것은 없다는 것이다. 이제 알게 되겠지만, 그것은 잘못된 질문이다."(본문 412쪽)

서스킨드의 입장에서는 가능한 다양성의 풍경이라는 존재가 재앙이라기보다는 축복에 가까웠다. 왜 우리 우주가 지금 이런 모습인지를 인간원리와 결합해서 가장 과학적으로 설명할 수 있기 때문이다. 서스킨드와 오랜 세월 '블랙홀 전쟁'을 치렀던 호킹도《위대한 설계》에서 서스킨드의 입장을 옹호하고 나섰다.

이는 호킹이 《시간의 역사》에서 보였던 조심스런 입장에서 확연히 돌아선 모습이다. 이런 관점의 전환은 호킹의 말마따나 물리이론의 목표가 완전히 바뀌게 되는, 과학사적 전환점이 될지도 모른다.

메가버스를 지지하는 또 다른 이론

메가버스를 지지하는 근거 중에는 끈풍경만 있는 것이 아니다. 빅뱅 직후 초기 우주에서 있었던 것으로 추정되는 우주의 급팽창inflation 이론에 따르면 급팽창은 계속해서 공간을 '복제'하며 영구적으로 진행될 수밖에 없고, 이 과정에서 양자떨림에 의해 우주 곳곳에 새로운 '거품'들이 생겨난다. 이들 거품은 각각이 팽창해 하나의 우주를 형성할 수 있다. 즉 영구급팽창eternal inflation 은 메가버스를 뒷받침하는 유력한 우주론인 셈이다. 또한 비교적 짧은 분량이지만, 양자역학에서의 다세계 해석도 도입하고 있다. 다세계 해석에서는 파동함수가 관측의 순간에 다양한 가능성을 따라 가지치기하듯 여러 갈래로 분리된다. 각각 갈라진 파동함수는 하나의 자기만의 우주에 해당한다고 볼 수 있다.

만약 메가버스 속의 호주머니 우주들이 서로 소통하지 못한 채로 분포한다면 그것이 과학적으로 어떤 의미가 있는가 하고 의문을 제기할 수 있다. 여기에 대해 서스킨드는 호킹과의 블랙홀 전쟁이 남긴 유산을 끌어들인다. 서스킨드는 "호주머니 우주에서 발송된 엽서"가 우리 우주 속에 존재할 가능성을 제기한다. 이런 연유로 12장 '블랙홀 전쟁'이 포함되었다.

우주의 풍경과 메가버스의 존재는 과학 자체를 좀 더 거시적으로 봤을 때 어쩌면 당연한 귀결이라고도 할 수 있다. 이는 코페르니쿠스가 천문학 혁명을 일으킨 이래 코페르니쿠스의 원리, 또는 평범성의 원리라고도 부른다. 즉 코페르니쿠스의 태양중심설은 지구를 우주의 중심에서 주변부로 내쫓아 버렸다. 그 결과 지구는 우주에서 'The One'의 위치에서 'one of them'의 위치로 격하되었다. 즉 지구가 더 이상 이 우주에서 특별한 존재가 아니라는 얘기다. 이와 비슷한 일은 다윈의 진화론에서도 일어났다. 진화론의 의미를 평범성의 원리로 해석하자면, 인간은 더 이상 특별한 존재가 아니다. 1920년대 우주와 관련된 대논쟁이 끝났을 때, 우리의 은하수 은하는 더 이상 특별한 은하가 아니게 되었다. 이런 흐름을 죽 이어서 유추해 보자면, 우리의 우주 또한 더 이상 특별한 존재가 아니라고 상상하는 것도 그리 어색하지 않다. 그러니까 메가버스라는 개념은 코페르니쿠스의 원리가 우주적인 규모로 가장 크게 확장된 형태라 할 수 있다.

정말로 메가버스 속 호주머니 우주들이 존재하는지는 과학적으로 따져봐야 할 문제다. 만약 그것이 사실이고, 우리는 그저 어마어마한 숫자의 다양성의 풍경 속에 우연히 여기 있을 뿐이라는 점이 밝혀진다면, 그것을 넘어서는 새로운 과학이 존재하지 않는다면, 호킹의 말처럼 우리는 정말 역사적인 전환점을 관통하고 있는, 대단한 시대에 살고 있는 셈이다.

　메가버스 또는 다중우주와 관련된 논의가 최근 한국에서도 여러 대중과학서를 통해 널리 알려지고 있지만, 나는《우주의 풍경》이 그 출발점으로서 가장 중요한 저작이라고 생각한다. 메가버스와 관련된 본질적인 문제, 역사적인 맥락 등을 논쟁의 핵심 당사자가 매우 명확하고도 풍성하게 제시하고 있기 때문이다. 다중우주를 공부하고 싶은 사람이라면 가장 먼저《우주의 풍경》부터 읽어야 한다.

　같이 읽으면 좋은 책　《멀티 유니버스》, 브라이언 그린, 김영사
《맥스 테그마크의 유니버스》, 맥스 테그마크, 동아시아
《평행우주》, 미치오 카쿠, 김영사

SF와 과학의 경계 사이, 다중우주를 향한
담대하고도 놀라운 가설

《맥스 테그마크의 유니버스》

Our Mathematical Uniuverse: My Quest for the Ultimate Nature of Reality

맥스 테그마크 Max Tegmark, 1967~

스웨덴 출신의 물리학자. 스톡홀름 경제대학에서 경제학을, 왕립 공과대학에서 물리학을 공부한 뒤 1990년에 미국으로 건너와 1994년에 캘리포니아 버클리 대학에서 박사학위를 받았다. 연구에 대한 공로로 패커드 펠로우십, 코트렐 스칼러 어워드, 미국국립과학재단 커리어 그랜트를 받았다. BBC 등 다수의 과학 다큐멘터리와 라디오 방송에 출연했으며, 2005년에 물리학과 우주론의 근본을 연구하는 근본질문연구소 Foundational Questions Institute를 설립했다.

《우주의 풍경》이 다중우주에 들어서기 위한 최고의 필독 입문서라면 《맥스 테그마크의 유니버스》는 다중우주, 또는 그 속의 무수한 평행우주에 대한 SF와도 같은 책이다.

이 책의 총론적인 내용은 1장 '실체란 무엇인가'에 잘 담겨 있다. '실체란 무엇인가?'는 이 책 전체를 관통하는 핵심적인 질문이다. 테그마크는 다중우주의 관점에서 이 질문에 대한 답을 찾아나간다. 테그마크가 말하는 실체에는 당연히 우리 자신도 포함된다. 그러니까 이 책은 다중우주의 관점에서 우리의 본질을 탐구하는 책이다. 1장의 그림 1.3에는 이 책을 읽는 법이 표로 잘 정리돼 있다. 특히 독자를 '과학에 흥미 있는 독자' '대중과학의 하드코어 독자' '물리학자' 셋으로 나눠 책의 어느 부분을 건너뛰어도 되는지 도표로 정리한 점이 흥미롭다.

또한 각 장에서 다루는 주제가 주류 과학계에서 받아들이고 있는 내용인지, 아니면 논란의 여지가 얼마나 있는지도 함께 표시해 독자들의 혼란을 줄이려고 노력한 점도 인상적이다. 그리고 각 장의 마지막 부분에는 해당 장의 내용을 간결하게 요약해서 표로 정리해 두었다. 본문 중간중간에도 필요할 때마다 이런 식으로 핵심 사항을 표로 정리해 두어 독자들이 책을 읽다가 길을 잃지 않도록 세심하게 배려했다. 다소 어려운 장은 해당 장 끝의 요약 정리표를 먼저 보고 거기서 제시하는 핵심 내용을 중심으로 다시 본문을 읽어나간다면 큰 도움이 될 것이다.

다중우주의 관점에서
우리의 본질을 탐구하다

테그마크가 다중우주를 주장하는 주된 근거는 크게 두 가지다. 하나는 우주론에서 온 것이고 다른 하나는 양자역학에서 온 것이다. 전자가 1부의 내용이고 후자가 2부의 내용이다. 3부는 다중우주에 대한 테그마크만의 놀라운 결론을 주창하고 있다.

다중우주에 관한 우주론의 근거는 역시 급팽창이다. 급팽창은 빅뱅 직후 매우 짧은 시간 동안에 있었던 급격한 가속팽창이다. 그 결과 우주의 크기가 갑자기 엄청나게 커지게 된다. 우리 우주는 지금 기하학적으로 대단히 평평하며 또한 대단히 높은 수준으로 등방적이고 균질한데, 과학자들은 이것을 급팽창의 결과로 여기고 있다.

다만 아직 구체적으로 어떤 과정을 거쳐 급팽창이 진행되었는지 명확한 메커니즘이 규명되지는 않았다. 그럼에도 여러 유력한 급팽창 모형들이 제시하는 결과는 관측 사실과 잘 부합한다. 과학자들은 일단 급팽창이 있었다면 그것이 공간을 '복제'하며 우주의 곳곳에서 영구히 계속될 것임을 알게 되었다. 이것이 영구급팽창[23]이다.

1부에서 우주론의 논의로부터 테그마크는 두 가지 레벨의 평행우주와 다중우주를 제시한다. 여기서 평행우주는 《우주의 풍경》에서 호주머니 우주와 같은 개념이며, 다중우주는 《우주의 풍경》에서 메가버스에 해당한다. 테그마크의 1레벨 평행우주는 우리 우주의 지평선 너머의 세상이다. 팽창하는 우리 우주

---

23 《맥스 테그마크의 유니버스》(동아시아)에서는 '영원한 급팽창'으로 옮겼다.

에서는 그 너머의 물리적 신호가 우리에게 이를 수 없는 가상의 경계면이 존재한다. 이 경계면을 우주의 지평선 또는 입자지평선이라 부른다. 이 경계면까지의 크기가 관측 가능한 우주다. 물리적으로 이 정도 범위를 '우리 우주'라 부를 수 있다. 테크마크는 1레벨 평행우주를 '먼 영역에 있는 우리 우주와 같은 크기의 공간'으로 정의한다. 1레벨의 평행우주는 우리 우주와 근본이 같다. 즉 똑같은 물리법칙을 공유한다. 다만 우리 우주와 초기조건이 다를 것이므로 우리 우주와 같은 역사를 공유하지는 않을 것이다. 1레벨의 평행우주가 모인 집합체를 1레벨 다중우주라 부른다.

2레벨 다중우주는 이와 약간 다르다. 영구급팽창은 계속 새로운 공간을 복제해 내면서 각각의 우주거품이 서로 범접할 수 없도록 분리시킨다. 여기서 각각의 우주거품은 하나하나가 1레벨의 다중우주가 되는 셈이다. 즉 영구급팽창으로 분리된 무수히 많은 1레벨의 다중우주가 2레벨의 다중우주다. 2레벨의 다중우주 속에서는 물리법칙이 서로 다를 수도 있다. 즉 2레벨의 다중우주 속에서는 각 평행우주마다 물리학 교과서가 달라질 것이다.

테그마크의 3레벨 다중우주는 양자역학에서 비롯된 것이다. 이것이 2부의 주된 내용이다. 3레벨 다중우주의 근거는 양자역

학에 대한 휴 에버렛의 다세계 해석Many World Interpretatin, MWI[24]이
다. 다세계 해석은 양자역학에 관한 정통 코펜하겐 해석과는 사
뭇 다르다. 양자역학에서는 어떤 물리계의 모든 물리적 정보가
파동함수에 담겨 있다. 파동함수는 일반적으로 어떤 관측 가능
한 물리량에 상응해 그 계가 가질 수 있는 가능한 모든 상태인
고유상태eigenstate들의 중첩superposition으로 기술할 수 있다. 예컨대
홍길동의 기말고사 시험점수라는 물리량에 대해 홍길동의 파동
함수가 가질 수 있는 값은 0점부터 100점까지 101가지 상태로
주어질 것이다. 그 각각의 점수가 홍길동의 기말고사에 대한 고
유상태다. 한편 똑같은 홍길동에 대해 그 키가 가질 수 있는 값
은 태어난 이후 죽을 때까지 대략 50cm부터 200cm 사이의 임
의의 실수값일 것이다. 각각의 실수값이 홍길동의 키에 대한 고
유상태다.

코펜하겐 해석의 교리에 따르면 파동함수는 관측이 이루어
지기 전에는 고유상태들의 중첩으로 주어진다. 여기서 중첩이
란 마치 오케스트라의 모든 악기의 소리들이 중첩돼 하나의 화
음을 이루는 것과 비슷한 상태다. 수학적으로는 각각의 고유상
태들에 가중치가 곱해진 뒤 모두가 더해진 형태로 주어진다. 똑
같은 파동함수라도 관측량이 무엇인가에 따라 중첩을 표현하는

---

24 《맥스 테그마크의 유니버스》(동아시아)에서는 '다중 세계 해석'으로 옮겼다.

고유상태가 다를 수 있다. 홍길동의 경우 기말고사 고유상태가 중첩된 것으로 표현할 수도 있고 키의 고유상태가 중첩된 것으로 기술할 수도 있다.

코펜하겐 해석의 가장 독특한 성질은 관측이 이루어지는 순간 파동함수가 특정한 관측값에 상응하는 하나의 고유상태로 붕괴한다는 점이다. 이때 어느 고유상태가 구현될 것인가는 알 수가 없고 오직 그 확률만 알 수 있다. 그 확률은 고유상태 앞에 곱해진 가중치로부터 구할 수 있다. 그러니까 코펜하겐 해석에서는 양자 중첩상태가 특정한 관측량에 대한 일종의 확률분포인 셈이다.

중첩과 붕괴는 코펜하겐 해석의 핵심 개념이다. 양자역학의 슈뢰딩거 방정식으로 유명한 에르빈 슈뢰딩거는 코펜하겐 해석에 동의하지 않고, 이 해석이 얼마나 이상한 결과를 초래하는지를 '슈뢰딩거 고양이'라는 사고실험으로 제시하기도 했다.

에버렛의 다세계 해석에서는 무엇보다 측정할 때 파동함수가 하나의 고유상태로 붕괴하지 않는다. 대신 그 순간에 가능한 고유상태들이 각자의 새로운 역사를 가지는 세계로 갈라져 진입하게 된다. 홍길동이 기말고사를 본 경우, 코펜하겐 해석에서는 홍길동이 성적표를 펴 보는 순간 하나의 점수상태로 파동함수가 붕괴하고 말지만, 다세계 해석에서는 0점부터 100점까지의 모든 고유상태가 서로 갈라져 각자의 세상을 열어나간다. 이

것은 곧 각각의 고유상태에 상응하는 평행우주로 분리되었다고 해석할 수 있다. 관측의 순간에 파동함수가 붕괴하지 않고, 새로운 평행우주들이 분기해 열리는 것이다. 이것이 테그마크의 3레벨 다중우주다. 즉 3레벨 다중우주는 양자 다중우주다.

2부까지는 레벨에 따른 다중우주의 분류를 제외하면(이건 테그마크의 고유한 분류다) 대체로 과학적으로 그러하다고 확립된 내용을 많이 다루고 있다. 3부는 전혀 다르다. 그림1.3에서도 표시돼 있듯이 3부의 대부분은 논란의 여지가 있거나 대단히 많다. 3부에서는 테그마크의 독창적인 4레벨 다중우주가 정의된다. 그것은 바로 서로 다른 수학적 구조들의 집합체로서의 다중우주다(12장). 이를 위해 테그마크는 9장에서 '수학적 우주 가설'을 제시한다. 이는 "우리의 외적 물리 실체는 수학적 구조이다."라는 명제다. 전통적인 물리학의 관점에서는 "우리 인간과 완전히 독립적인 외적 물리 실체가 존재한다."는 점을 암묵적으로 가정한다. 테그마크는 이를 '외적 현실 가설'이라 불렀다.

수학적 우주 가설을 받아들인다면, 그 옛날 갈릴레오 갈릴레이가 "우주는 수학이라는 언어와 삼각형, 원, 그리고 기타 기하학적 도형이라는 문자로 쓰였으며, 이것들이 없다면 인간은 한 단어도 이해할 수 없다."는 표현(본문 353쪽)이나, "자연과학에서 수학의 이해할 수 없는 효율성"이라는 유진 위그너의 말(본문 359쪽)을 자연스럽게 받아들일 수 있다.

사실 고대 그리스에서 피타고라스가 이미 만물의 근원은 수라고 선언한 바가 있어 4레벨의 다중우주는 그 연원이 깊다. 수학적 우주 가설은 전통적인 입자물리학이 세상을 바라보는 관점과 다르다. 입자물리학에서는 점점 더 작은 구성요소로 자연을 이해하기 때문에 끝없이 더 작은 요소를 무한히 찾아내려가는 과정을 반복할 우려가 있다. 반면 수학적 우주가설에서는 궁극적인 구성요소의 내재적 성질이 아니라 이들 사이의 관계로부터 우주의 성질이 도출된다. 그래서 "수학적 우주 가설은 우리가 관계적 실체 안에 살고 있다는 것을 암시한다."(본문 386쪽) 이런 관점에서는 수학적 존재가 물리적 존재와 본질적으로 동일하다. 따라서 수학적으로 가능한 구조들이 4레벨의 평행우주를 구축하게 된다. 수학적 구조물로서의 평행우주/다중우주를 상정한다면, 우리 우주는 과연 시뮬레이션된 우주인가?라는 질문을 필연적으로 던지게 된다. 이 주제 또한 과학적으로 연구되는 주제이기도 하다. 테그마크의 입장은 여러분이 직접 12장에서 확인해 보기 바란다.

3부의 내용은 저자 스스로 밝혔듯이 논란의 여지가 많은 내용을 담고 있다. 그만큼 다중우주에 대해 테그마크만의 독창적인 아이디어가 마음껏 발산되고 있다. 이것이 이 책의 가장 큰 매력이다.

"물리학을 객관적으로 조망하고 학계의 합의점과 대립적인 모든 관점을 공평하게 소개하는 일반적인 대중과학 서적과는 분명히 다르다. 그보다 이 책은 실체의 궁극적 속성에 대한 내 개인적 탐구를 담고 있으며 독자들이 내 눈을 통해 보는 것을 즐겼으면 좋겠다."(본문 28쪽)

대부분의 대중과학서는 일종의 교과서처럼 학계에서 확립된 사실들을 중심으로 기술하게 마련이다. 테그마크는 그 틀을 과감히 탈피해서 경계를 명확히 나눠(독자들에게 혼란을 주지 않기 위함으로 보인다) 3부에서는 자신의 상상력을 마음껏 펼치고 있다. 과학 연구를 하다보면 자연에 대한 우리 인식의 경계 지점에서는 과학과 SF의 구분이 모호한 경우들이 있다. 여기서 꼭 필요한 덕목이 바로 창의적인 상상력이다. 한국의 과학 교육에서 가장 부족한 부분이기도 하다.《맥스 테그마크의 유니버스》를 선정한 가장 큰 이유도 바로 이것이다. 과학과 SF를 넘나드는 논의를 통해 과학을 영화처럼 즐길 수 있는 책이기 때문이다. 이 과정에서 일류 과학자들이 어떻게 허구적 상상을 과학적 상상으로 바꿀 수 있는지 좋은 사례를 배울 수 있다. 이런 상상력들이야말로 훗날 'Science Fiction'을 'Science Fact'로 바꾸는 원동력이 아닐까.

테그마크는 경제학을 전공하다 환멸을 느끼고 우연히 읽게 된 리처드 파인만의 저작들로 물리학에 깊이 매료됐다고 한다. 《맥스 테그마크의 유니버스》도 누군가에겐 테그마크의 파인만 책들처럼 인생의 관심사를 물리학으로 이끌 마법과도 같은 책이 될 것이다.

같이 읽으면 좋은 책 《멀티 유니버스》, 브라이언 그린, 김영사
《우주의 풍경》, 레너드 서스킨드, 사이언스북스
《평행우주》, 미치오 카쿠, 김영사

세계 물리학 필독서 30

초판 1쇄 발행 2024년 8월 20일

지은이 이종필
펴낸이 정덕식, 김재현

펴낸곳 (주)센시오
출판등록 2009년 10월 14일 제300-2009-126호
주소 서울특별시 마포구 성암로 189, 1707-1호
전화 02-734-0981
팩스 02-333-0081
메일 sensio@sensiobook.com

책임편집 최은영
디자인 Design IF
경영지원 임효순

ISBN 979-11-6657-161-9 (03400)

소중한 원고를 기다립니다. sensio@sensiobook.com